耕地
质量提升
100 题

徐明岗　卢昌艾　杨　帆　李　玲 等◎编著

中国农业出版社
北　京

内 容 提 要

　　本书简明扼要地介绍了耕地质量提升的基础知识，针对我国耕地质量退化和保护等问题，重点介绍了土壤生产功能、生态功能和环境功能的提升技术，以及相关法规政策等，采用回答问题的形式，图文并茂，通俗易懂。

　　本书可供广大科技工作者、大专院校师生和广大农民学习土壤学基础知识，从而合理利用和保护耕地、提升耕作质量之参考。

PREFACE

前　言

　　"民以食为天，食以土为本"。耕地是农业生产的基础，是粮食安全的保障。近年来，全球耕地质量退化日趋严重，极大地威胁粮食等重要农产品有效供给和人类生存与健康。为了加强人们对耕地保护和合理利用的认知，增强人们对耕地质量在粮食安全和生态系统功能方面的认识与了解，提高亲土种植、合理利用和保护耕地的自觉性，在农业农村部农田建设管理司、种植业管理司和耕地质量监测保护中心、全国农业技术推广服务中心的支持下，农业农村部耕地质量建设技术指导专家组、科学施肥专家指导组、中国土壤学会、中国植物营养与肥料学会、优质农产品开发服务协会健康土壤分会、北京土壤学会等专业机构与学术团体共同协作，编写了《耕地质量提升100题》。全书采用回答问题的形式，图文并茂，通俗易懂地介绍了土壤质量提升的基础知识，重点是土壤生产功能、生态功能和环境功能的提升技术等内容。

　　本书在编写和出版过程中，得到张福锁院士、张佳宝院士、周健民研究员、张维理研究员、彭世琪研究员等专家的大力支持和技术指导；得到中国农业科学院农业资源与农业区划研究所、中国农业大学资源环境学院、北京市农林科学院、北京市土肥站等单位及有关专家的大力支持，特此致以最衷心的感谢！

　　由于时间仓促，加之编著者水平有限，不足之处难免，请广大读者批评指正！

编著者

2020年9月10日

目　录

第一部分
土壤主要性质及改良利用

1.土壤的构成及其功能是什么？

土壤由固相、液相和气相三类物质构成。固相包括土壤矿物质、有机质和微生物等；液相主要指土壤水分；气相是指存在于土壤孔隙中的空气。土壤中这三类物质构成了一个矛盾的统一体。它们互相联系，互相制约，为作物提供必需的生活条件，是土壤肥力的物质基础。

土壤的功能：

（1）生产功能　土壤是人类食物生产的主要基地，地球上90%以上的食物来自于土壤。

（2）生态功能　土壤作为陆地生态系统中生物的支撑结构，通过物质循环与能量转化，协调陆地生态系统结构和功能变化，维持陆地生态系统和谐稳定。

（3）环境功能　全球50%～90%的污染物最终滞留于土壤中，进入土壤后的污染物，经过一系列物理、化学和生物学反应，毒害得以降低或消除，土壤对污染物的缓冲和净化作用在稳定和保护人类生存环境中发挥极为重要的作用。

（4）工程功能　土壤是道路、桥梁、隧道、水坝等一切建筑物的地基，同时又是工程建筑的原始材料。

（5）社会功能　土壤是支撑人类社会生存和发展的最珍贵的自然资源，是维持人类生存的必要条件，不仅具有自然属性，同时具有经济属性和社会属性。

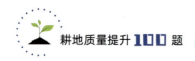
（6）文化传承功能　土壤作为人类遗迹和其他形式文化遗产的覆盖层功能，使博大精深的人类文明得以弘扬和传承。　　　（文方芳）

土壤生产与生态功能（左）、独特的地貌景观（云南元谋）（右）

（摄影：徐明岗）

2.土壤有机质的来源及其作用有哪些？

土壤有机质是存在于土壤中比较稳定的有机物质总称，主要是富里酸、胡敏酸和胡敏素等腐殖物质。主要来源于动植物及微生物残体及其排泄物和分泌物，这些物质经微生物分解后再合成为更复杂的腐殖物质。

土壤有机质含量与土壤养分供应、土壤结构及生态环境功能等密切相关，是土壤肥力水平的一项重要指标。第一，土壤有机质能够直接或间接地为植物提供所需养分，促进作物生长发育；第二，能够涵养和固持更多的水分和营养物质，保水保肥；第三，土壤有机质具有特殊结构，能够促进土壤团粒结构（土壤中的小土团）和土壤孔隙形成，使土壤透水透气，有利于植物根系对水分和养分吸收；第四，不仅为作物提供营养，还为土壤微生物提供能量，提高土壤的生物活性；第五，具有降低土壤中农药和重金属毒性的功能，维持土壤健康。另外，有机质的转化过程（二氧化碳释放和固定）与全球气候变化也有密切关系。　　　（文方芳）

有机质是土壤肥力的核心（湖北公安）（左）、有机质含量高的土壤具有良好的土壤结构（云南华坪）（右）

（照片由徐明岗提供）

3.土壤有机质的提升技术有哪些？

土壤有机质含量取决于有机物质（植物枯枝落叶、根茬、有机肥等）输入量与有机质分解之间的动态平衡。土壤有机质提升技术包括：第一，施用厩肥等农家肥，"牛粪凉来马粪热，羊粪啥地都不错"，充分反映了有机肥的施用及作用。第二，种植绿肥，即把植物的绿色残体翻埋进土壤。绿肥可为土壤提供丰富的有机质和氮素，改善农业生态环境及土壤理化性状。主要品种有苜蓿、绿豆、田菁等。第三，秸秆还田（"直接"或者"间接"），把作物的秸秆切碎，然后直接翻入土壤中，由于秸秆含碳量太高，应补充一些氮素，有利于土壤微生物的分解。还有一些办法，如免耕、旱地改水田及不同作物轮作等。但要做到因地制宜，例如在南方的平原地区，可以进行免耕和秸秆还田，在山区可以综合发展草业和牧业等。

（文方芳）

黑土有机肥抛撒机（黑龙江）（左）、南方绿肥紫云英（湖南）（右）
（摄影：徐明岗）

4.土壤矿物主要有哪些？我国不同地区土壤矿物组成有什么差异？

土壤矿物是土壤的主要组成物质，是土壤矿物质营养元素尤其是微量营养元素的主要来源。土壤矿物种类很多，主要是硅酸盐类矿物，按其来源可分为原生矿物和次生矿物，原生矿物是来源于成土母质的矿物，主要分布在沙粒和粉粒中，常见的有石英、长石、白云母等；次生矿物是原生矿物经过风化作用，重新合成的矿物，主要有铁铝氧化物、高岭石、蒙脱石、伊利石等。

我国东北地区，土壤类型主要是黑土、黑钙土，矿物组成是以蒙脱石组为主，主要矿物种类有蒙脱石、拜来石、皂石等。西北地区，土壤类型是栗钙土、棕钙土及荒漠土，主要矿物组成以水化云母组为主，矿物种类以伊利石为主，也含有少量的蒙脱石、绿泥石及其他矿物组分。华北地区，土壤类型主要以潮土、褐土和黄土为主，矿物组成以蛭石为主。南方热带和亚热带地区，主要土壤类型为红壤、砖红壤及赤红壤，矿物组成以高岭组为主，主要矿物种类包括高岭石、珍珠陶土及埃洛石等。

（文方芳）

以蒙脱石、拜来石等为主要黏土矿物，富含有机质的黑土（左）
以高岭石等为主要黏土矿物，富含铁铝氧化物的红壤（右）
（摄影：徐明岗）

5.土壤颗粒组成及其作用是什么?

构成土壤固相的物质叫土壤颗粒。按其来源与组成可分为矿物质、有机质及有机质与无机质复合的群体。一般来说，矿质部分占土壤固相重量的95%以上，有的高达99%。土壤颗粒按其粒径大小分为石砾、沙粒、粉粒、黏粒四级。土壤颗粒组成是指土壤中各粒级所占的百分含量。

土壤颗粒起着支撑植物生长的作用，其粒径大小、组合比例与排列状况直接影响土壤的基本性状。我国农民很早就知道把土粒区分为泥和沙。它们的区别，首先在于粗细不同，其次在性质上也不一样。泥是细腻的，湿时黏滑，干时结块坚硬；而沙则是粗糙的，

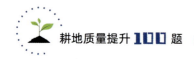

常松散成单粒，几乎没有黏结性，又无可塑性。由此可见，土壤颗粒的粗细对土壤性质有明显的影响。　　　　　　（文方芳）

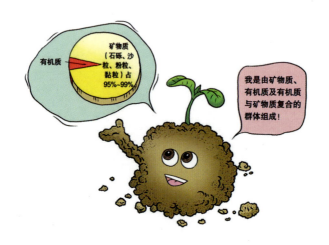

土壤矿物组成

（绘图：段英华）

6.土壤容重与土壤比重有什么区别？

土壤容重是指单位容积土壤（包括土粒及粒间孔隙）在105 ~ 110℃条件下的土壤烘干后的重量，单位为g/cm³，又称土壤假比重。其数值大小受质地、结构性和松紧度等的影响而变化。土壤容重小，表明土壤疏松多孔，结构性良好，适宜作物生长；反之，容重大，则表明土壤紧实板硬、缺少团粒结构，对作物生长会有不良影响。一般来说，旱作土壤的耕层容重在1.1 ~ 1.3g/cm³的范围内，能适应多种作物生长发育的要求。对于沙质土壤适宜的容重值宜高些，而对富含腐殖质的土壤则可适当低一些。

土壤比重是指单位容积的固体土粒（不包括土粒及粒间的孔隙）的重量与水的密度之比，无量纲。其数值的大小，主要取决于土壤的矿物组成，土壤有机质含量对其有一定影响。土壤比重常取2.65。土壤中有机质含量越高，土壤比重越小。   （刘自飞）

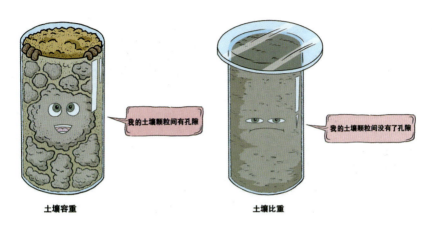

土壤容重示意图（左）、土壤比重示意图（右）

（绘图：段英华）

7.土壤三相比的作用与调节技术有哪些？

土壤三相比是指土壤固相、液相、气相间的容积百分比。土壤三相的不同分配和比率，影响土壤的通气、透水、供水、保水等物理性质，同时影响土壤的pH、阳离子交换量、盐基饱和度等化学性质，因此土壤三相比是评价土壤水、肥、气、热相互关系的重要参数，是决定土壤的肥沃性与作物生长的关键。多数旱地适宜的土壤三相比为固相：液相：气相 = 0.50 ： 0.20 ~ 0.30 ： 0.20 ~ 0.30。

常用的土壤三相比调节技术有：

（1）土壤深翻 深翻有助于改善耕层土壤结构，提高土壤通气性。

（2）及时排涝 土壤在淹水条件下，土壤通气性较差，不利于土壤微生物活动，应及时排涝。

（3）增施保水剂 干旱条件下，土壤容易缺水，增施保水剂，有利于土壤保持一定的水分。 （刘自飞）

深翻改土－有机物料培肥（江西赣州）（左）、排灌系统完善的高标准农田（四川绵阳）（右）

（摄影：徐明岗）

8.如何在田间快速判断土壤的孔隙状况？

土壤孔隙度会影响土壤空气和水分的运动，尤其是大孔隙度（或大孔径）。良好的土壤结构在团聚体之间具有较高的孔隙度，但土壤结构较差会限制水分运移及透气性。在田间观测时，可以挖开一个坑，从坑的纵切面观察土壤的孔隙度，也可同时铲取一个土块，检查土块之间的空间、间隙、洞口、裂缝和裂纹等，判断土壤孔隙度的状况。 （刘自飞）

土壤孔隙多（左）、土壤孔隙少（右）

（摄影：安红艳）

9.什么是土壤团聚体及土壤团粒结构？

　　土壤团聚体指土粒通过有机及矿物质的胶结作用、反负荷离子的凝聚作用、土壤耕作及干湿交替等的团聚作用而形成的直径为0.25 ～ 10 mm的团聚状结构单位（小团块和团粒）。团聚体内部以持水孔隙占绝对优势，而团聚体之间是充气孔隙，这种孔隙状况为土壤水、肥、气、热的协调创造了良好的条件。团聚体间的充气孔隙，可以通气透水，在降水或灌水时，水分通过充气孔隙，进入土层，减少了地表径流；团聚体内部的持水孔隙水多空气少，既可以保存随水进入团聚体的水溶性养分，又适宜于嫌气性微生物的活动，保肥供肥性能良好。

　　土壤团粒结构是土壤结构体的一种类型，也称为团聚体，一般是土壤矿物质颗粒经过多级或多次团聚作用而形成的结构体。（刘自飞）

结构良好土壤（蒲江有机果园）（左）、施用有机肥改善土壤结构（右）

（摄影：徐明岗）

10.如何培育良好的土壤团粒结构？

具有良好团粒结构的土壤，其固相、液相和气相的比例比较合理，孔隙度占50%左右，其中大孔隙占20%左右。因此，一般将直径为0.25～10mm水稳性团粒含量作为判别土壤结构优劣的指标，也可作为土壤肥力的指标。一般说来，这些团粒含量越高，土壤结构越稳定，水肥气热状况越好，肥力也就越高。培育土壤团粒结构的方法很多，常用的方法主要包括：

（1）施用有机肥料　增加土壤有机胶结物质，促进土壤颗粒团聚作用。

（2）施用土壤结构改良剂或调理剂　土壤结构改良剂类型很多，主要是天然提取和人工合成的高分子物质，其作用类似土壤腐殖质。

（3）合理轮作换茬　减少土壤有机物质分解，增加土壤有机物质含量。

（4）合理施肥灌溉　调整离子平衡，促进土壤颗粒团聚作用；促进植物生长，增加有机物质含量。

（5）精耕细作　破碎大土块，促进颗粒多次团聚，形成稳定的大团聚体。

（刘自飞）

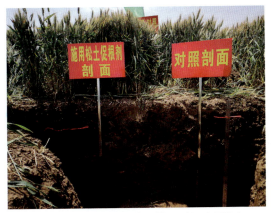

土壤改良剂的改土效果（河南原阳）

（摄影：徐明岗）

11.如何在田间判断土壤结构？

土壤是由无数颗粒组成的，颗粒之间可能在有机质的胶结作用下形成土壤团聚体（土团），也可能以单粒存在。土壤结构是指土壤颗粒（包括土团和单粒）在土壤中的排列方式。良好的土壤结构对作物生长至关重要。它调节土壤通气性、水的运动和储存、土壤温度、根的渗透和发育、养分循环和抵抗结构退化和侵蚀。它也能够促进种子萌发和出苗、提高作物产量和品质。

在田间观测土壤结构的一致性时，需选择土壤未扰动时期，去除表层0～5cm的包含密集和紧凑的根系系统的土层。用土铲挖出一个20cm×20cm×20cm的立方体表层土，装进塑料盆，然后将土块从1m高（齐腰高）的地方自然下降到坚固的地面上。如果大土块在第一次或第二次就破碎，再下降一次或两次。如果大土块在第一次或第二次碎成小单元，就不需要再次自然下降了。任何一块土壤下降不要超过三次。沿着任何暴露的裂缝面或裂纹用手将每一土块自然掰开，将土壤转移到大塑料袋中。最后找到一块平地，将最粗的部分放到一端，最细的放到另一端。这就提供了一种衡量团聚体粒径分布的方法。

（张雪莲）

团粒结构　　　　　块状结构　　　　　片状结构

不同土壤结构示意图

（摄影：张雪莲）

12.如何在田间检测土壤的湿化稳定性？

土壤湿化稳定性反映了土壤团聚体遇水稳定性。湿化稳定性越强的土壤抗蚀能力越强，随着土壤含水量增加，土壤不会或很少分解，仍然能维持良好的通气和透水性。相反，湿化稳定性差的土壤遇水容易发生侵蚀，导致土壤颗粒分解并沉降到土壤孔隙，水分和空气透性变差，影响作物生长。

在田间可以用简易的土壤湿化分解观测土壤湿化稳定性。挑选直径在4～6cm风干土块，装进1cm直径的网格中，放置于盛水的玻璃瓶中。观察土壤碎块5～10min。参照下图来确定土壤的湿化稳定性级别。

（张雪莲）

良好　　　　　　中等　　　　　　差

不同水稳定性的土壤

（摄影：付海美）

13.什么是土壤质地？如何在田间甄别土壤质地？

土壤质地是各粒级土壤颗粒（黏粒、粉粒和沙粒）占土壤重量的百分数。我国土壤质地主要分为沙土、壤土和黏土3大类11级土壤质地。其中，沙土的沙粒含量一般超过50%，包括轻沙土、中沙土、重沙土和极重沙土，极重沙土的沙土含量超过80%。壤土的粉粒含量＞40%。黏土的黏粒含量＞30%，包括轻黏土、中黏土、重黏土和极重黏土。极重黏土的黏粒含量超过60%。

田间取少量土壤，加少量水，根据手感、成团或条状的难易程度及稳定性等，可粗略地判别土壤质地。不同质地的土壤具有下述特征：

（1）沙土　有明显沙粒，干时抓在手中稍松开后即散落，湿时可捏成团，但一碰即散。

（2）沙壤土　干时手握成团，但极易散落，润时握成团后，用手小心拿不会散开。

（3）壤土　干时手握成团，用手小心拿不会散开，润时手握成团后，一般性触动不至散开。

（4）黏壤土　湿时可用拇指与食指搓捻成条，但往往受不住自身重量。

（5）黏土　干时常为坚硬的土块，湿时极可塑，可搓捻成长的可塑土条。

（张雪莲）

田间手感测定土壤质地（左：沙土；中：壤土；右：黏土）

（摄影：张雪莲）

14.如何合理利用不同质地的土壤？

土壤的主要组成是黏粒、粉粒和沙粒等矿物质颗粒，不同土壤矿物质颗粒组成比例差异很大，就构成不同质地的土壤。因此，土壤质地是指土壤中不同大小矿物颗粒的组合状况，也叫土壤机械组成。我国划分出沙土、壤土和黏土3大类11级土壤质地，其中，沙土的沙粒含量一般超过50%，壤土的粉粒含量＞40%，黏土的黏粒含量＞30%。此外，石砾含量1%～10%时为少砾质土壤，大于10%为多砾质土壤。

黏土矿质养分丰富，含有较多负电荷，对水分和养分吸持能力强，保水、保肥性好。但黏土水多气少，通气性差，易积累还原物质，且地温不易上升，对早春作物播种不利，易造成作物苗期缺素。黏土结构较差，尤其是有机质含量低的黏质土壤干时成硬块，湿时成浆，耕性差。黏土宜种植谷类、甘蔗、果、桑、茶等多年生深根作物和小麦、玉米、水稻等禾谷类作物。过度黏质的土壤需要进行改良后种植，包括客土掺沙混合，深翻底沙与表层黏土混合，施用珍珠岩、膨化页岩、岩棉、陶粒、浮石、硅藻土等矿物质沙粒以及施用有机肥料，促进土壤团聚体形成。

沙土含有大量石英，大孔隙多，通气性和透水性好，耕作比较容易。但矿质养分含量很低，有机物质分解快，有机质含量比较低，土壤的吸附性低，保水保肥能力很弱，肥效快，作物中后期容易脱肥、早熟、早衰。宜种植耐瘠耐旱、生长期短、早熟的作物，如花生、马铃薯、薯类、西瓜等。过沙的土壤不利于作物生长，需改良后种植，包括客土掺黏土混合、深耕上翻底层黏土混合以及施用有机肥料，促进土壤团聚体形成。

壤土兼具黏土和沙土的优点，而克服了它们的缺点；耕性好，宜种广，对水分有回润能力，是较理想的土壤质地类型。　　（张雪莲）

黏土剖面（左）、沙土剖面（中）、壤土剖面（右）

（摄影：韩宝）

15.土壤pH及其对养分有效性有什么影响？

土壤pH（酸碱度）即土壤被氢离子（H^+）饱和的程度，是土壤重要的化学性质。土壤持有的H^+越多，土壤酸度越强。铝能活化H^+，提高土壤酸性。碱性离子如Ca^{2+}和Mg^{2+}能使土壤酸性降低，碱性增加。土壤pH影响养分的释放、固定和迁移，进而影响土壤养分有效性。

氮、磷、钾、钙、镁大中量元素在弱酸至弱碱性条件有效性较好，随着酸度增强，有效性降低。除钼以外，大部分微量元素在中酸性至弱酸性条件下有效性较好，随着碱性增加，有效性逐渐降低。因此，pH6.0～7.0的微酸条件下，土壤养分的有效性最好，最有利于植物生长。在酸性土壤中容易引起钾、钙、镁、磷等元素的短缺，而在强碱性土壤中容易引起铁、硼、铜、锰和锌的短缺。

（张雪莲）

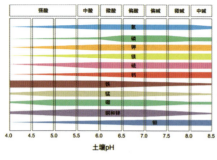 

不同pH下的养分有效性示意图（左）、田间原位测定土壤pH（浙江金华）（右）

（绘图：程道全；摄影：徐明岗）

16.调节土壤pH的方法有哪些？

根据土壤pH的高低，可将土壤划分为酸土和碱土，包含强酸性土（pH小于5）、酸性土（pH5.0 ~ 6.5）、中性土（pH6.5 ~ 7.5）、碱性土（pH7.5 ~ 8.5）、强碱性土（pH大于8.5）。酸土是土壤中盐基饱和度低，H^+和（或）Al^{3+}占有较高比例的土壤。碱土是呈强碱性反应（pH8.5 ~ 11），而且土壤胶体中含交换性钠较多的土壤。碱化度在5% ~ 10%为轻度碱化土壤，10% ~ 15%为中度碱化土壤，15% ~ 20%为重度碱化土壤。

酸性土壤需要通过提高盐基离子饱和度，将pH调节到中性或近中性。实践中，调节酸性土壤的不二法门就是施石灰（生石灰、熟石灰、石灰粉），也可施草木灰、碱性土壤调理剂等，其基本原理就是提高土壤盐基离子饱和度，降低土壤胶体上代换性H^+和（或）Al^{3+}。土壤酸性过大，可每年每亩[*]施入20 ~ 25kg的石灰，且施足农家肥，切忌只施石灰不施农家肥，这样土壤反而会变黄变瘦。也可施草木灰40 ~ 50kg，中和土壤酸性，更好地调节土壤的水、肥状况。

碱性土壤就是降低土壤胶体上代换性Na^+含量。改良措施：①施用石膏、磷石膏和氯化钙等一类物质，作用是以其中的钙离子交换

---

[*]　亩为非法定计量单位，1亩 = 1/15hm²。——编者注

出碱土胶体中的钠离子，使之随雨水和灌溉水排出土壤；②施用硫黄、废酸、硫酸亚铁等一类酸性物质，作用是中和土壤碱度，活化土壤中的钙，降低土壤溶液中毒害性较大的碳酸钠盐类的浓度和提高某些矿质营养元素对植物的有效性。但必须与水利措施（灌水、排水）和农业措施(深耕、客土、施用有机肥料等)相配合方能奏效。　　　　　　　　　　　　　　　　　　　　　　（郭宁）

改良土壤pH的措施示意

（绘图：程道全）

17.为什么说阳离子交换量可以作为土壤保肥能力的指标？

土壤阳离子交换量（CEC）是指土壤胶体所能吸附和交换的各种阳离子的容量，其数值以每千克土壤一价阳离子的厘摩尔数 cmol（+）/kg表示。而土壤的保肥性能，实质是土壤吸持和保存植物养分的能力。作物从土壤中吸收的养分主要是土壤中的无机态离子，如 K^+、NH_4^+、NO_3^-、Ca^{2+} 等，但也能吸收某些可溶性有机物。化肥施入土壤后，也要转化为离子形态。土壤对离子形态养分的吸附与解吸能力，就是土壤的保肥能力，所以说，土壤阳离子交换量的高低基本上代表了土壤可能保持的养分数量，即保肥性的高低。土壤阳离子交换量高，说明土壤保肥性强，意味着土壤保持和供应植物所需养分的能力越强；反之说明土壤保肥性能差，土壤潜在养分供应能力很低。

一般认为，阳离子交换量在20cmol(+)/kg以上的，为保肥能力强的土壤；10～20cmol(+)/kg为保肥能力中等的土壤；<10cmol(+)/kg的为保肥能力低的土壤。在土壤胶体中，腐殖质的阳离子交换量最高，其后依次为蛭石、蒙脱石、伊利石、高岭石和倍半氧化物。因此，腐殖质含量高的土壤保性能强，土壤肥沃。　　　　　（郭宁）

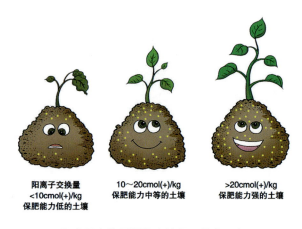

阳离子交换量　　　10～20cmol(+)/kg　　　>20cmol(+)/kg
<10cmol(+)/kg　　　保肥能力中等的土壤　　　保肥能力强的土壤
保肥能力低的土壤

阳离子交换量评价土壤保肥能力示意

（绘图：程道全）

18.我国土壤类型主要有哪些？

在陆地表面，土壤类型及其组合呈现出规律变化的地理现象，土壤与气候、生物条件相适应，表现出广域水平、垂直和水平与垂直复合分布的规律，总称为土壤地带性规律，其又可分成纬度、经度、垂直和区域地带性4种。土壤带与纬度相平行的分布规律称为纬度地带性，我国纬度地带性土壤由南向北主要包括砖红壤、赤红壤、红壤、黄壤、黄棕壤、黄褐土、棕壤、暗棕壤及棕色针叶林土等；土壤水平带因其所在海陆分布、山脉走向、海拔等地理因素的差异和影响，使之偏斜于纬度圈而与经度相平行，称为经度地带性，我国经度地带性土壤自东向西主要有暗棕壤、黑土、黑钙土、栗钙土、棕钙土、灰棕漠土等。随着山体海拔高度增加，温度随之下降，湿度随之增高，植被及其他生物类型也出现相应的变化，这种因山体海拔高度不同引起的生物－气候带分异呈现出土壤规律性分布称为土壤垂直地带性。由于地质、水文和地形等自然条件差异，在纬度带内显示出区域性特征的分布规律称为土壤区域地带性。

　　土壤还与地方性的母质、地形、水文、成土年龄以及人为活动相关，表现为地域性分布，如潮土、草甸土、沼泽土、盐土、碱土、初育土、人为土等。　　　　　　　　　　　　　　　　（郭宁）

中国土壤主要类型（五色土）

（摄影：徐明岗）

19. 黑土的特点与利用技术有哪些？

　　黑土是一种性状好、肥力高、非常适合植物生长的土壤。黑土在温带湿润或半湿润季风气候下形成，是具有深厚黑色腐殖质层的地带性土壤，其开垦前有机质含量高达5%～8%，水稳性微团粒结构，疏松多孔，pH6.5～7.0，养分水平高。黑土的自然植被以森林草甸或草原化草甸为主，有地榆、风毛榉、唐松草、野芍药、野百合等，当地称之谓"五花草塘"，草丛高度50cm以上，覆盖度100%。我国黑土区为世界仅有三大黑土区之一，主要分布于小兴安岭西南麓、长白山西麓，即嫩江、哈尔滨、长春一线，是我国的主要商品粮基地，盛产大豆、高粱、玉米、小麦。

今天人类对黑土不合理的开发和利用导致土壤有机质下降，掠夺式经营方式导致黑土水土流失异常严重，埋藏在黑土层下的厚层沙源将被激活，土壤存在沙化危险。黑土的主要提升措施是实施"三改一排"，改顺坡种植为机械起垄横向种植、改长坡种植为短坡种植、改自然漫流为筑沟导流，并在低洼易涝区修建条田化排水、截水排涝设施。开展"三建一还"，在城郊肥源集中区和规模化畜禽养殖场周边建有机肥工厂、在畜禽养殖集中区建设有机肥生产车间、在农村秸秆丰富和畜禽分散养殖区建设小型有机肥堆沤池（场），因地制宜开展秸秆粉碎深翻还田、秸秆免耕覆盖还田。同时，推广深松耕和水肥一体化技术，推行粮豆轮作、粮草（饲）轮作。　（郭宁）

黑土景观（左）、黑土保护－轮作休耕示范（内蒙古阿荣）（右）

（摄影：徐明岗）

20.红壤的特点与利用技术有哪些？

红壤分布于热带、亚热带湿润气候地区，赤铁矿含量很高，其中铁、铝氧化物颜色为红色，呈酸性反应，故称之为红壤。在低丘的地形条件下红壤主要为第四纪红色黏土发育而成，在高丘陵和低山的地形下，成土母质多为千枚岩、花岗岩和砂页岩等。红壤的黏粒含量很高，质地黏重，但由于氧化铁和氧化铝胶体形成的结构体，致使土壤的渗透性比较好，滞水现象不严重；其土壤风化度高，呈强酸性，pH5.0 ~ 5.5，植物养分贫瘠。红壤主要分布于北纬25° ~ 31°的中亚热带低山丘陵区，北起长江，南至南岭，农业生产以稻麦棉为主，是重要的粮、棉、油、茶和蚕丝的生产基地。

该区域光、温、水等气候资源丰富，可以一年两熟或三熟，由于受降雨集中、高温高湿等自然条件和多熟集约种植、过度开发、施肥不合理、水土保持措施不到位等人为因素的影响，水土流失、酸化、土壤养分贫瘠失调、生态平衡破坏、土壤肥力和生产力下降等问题日趋加重。目前，红壤地区水土流失面积高达1亿km²，养分贫瘠化面积2 000多万km²，酸化面积达到200多万km²，总的土壤退化面积已占该区域土地总面积的50%左右。主要治理措施是实施"综合治酸治潜"，通过半旱式栽培、完善田间排灌设施等措施促进土壤脱水增温、农田降渍排毒、施用石灰和土壤调理剂调酸、控酸、增施有机肥、秸秆还田和种植绿肥，开展水田养护耕作、改善土壤理化性状。同时，在山区聚土改土加厚土层，修建水池水窖，种植地埂生物篱，推行等高种植，提高保水保肥能力。 （郭宁）

典型红壤剖面（广东湛江）（左）、红壤样品库（湖南祁阳）（右）
（照片由徐明岗提供）

21.褐土的特点与利用技术有哪些?

褐土又称褐色森林土,是在暖温带半湿润气候下,由碳酸钙的弱度淋溶和淀积作用,以及黏化作用下形成的地带性土壤。褐土呈棕褐色,由黄土及其他含碳酸盐的母质形成,有弱黏化层和钙积层,腐殖质层有机质含量1%～3%,质地多为壤土,透水性好,弱碱性,pH7.0～8.4。褐土主要分布于燕山南麓、太行山、泰山、沂山等山地的低山与山前丘陵,晋东南和陕西关中盆地以及秦岭北麓,水平带位处棕壤之西,垂直带则位于棕壤之下,常呈复域分布。褐土的天然植被是干旱森林,乔木以栎树为代表,灌木以酸枣、荆条为代表,草本以白草、蒿为代表,人工林则以油松、洋槐为主。许多低山丘陵区的褐土已经开垦为农田,种植玉米、大豆等,但由于灌溉困难,造成产量低。低山丘陵区的褐土适宜种植耐旱的干果类,如板栗、核桃,以及杏和柿子等。山前平原区的褐土适宜发展大田作物,以冬小麦－夏玉米为主。

主要改良利用方向:

(1)做好水土保持和综合开发 以流域为单位进行全面规划,承包治理,坡度大于25°者一律退耕还林、还牧;正确处理好治坡与治沟的关系,应当坡面与沟谷同时自上而下地治理;正确处理工程措施与生物措施的关系。

(2)实行雨养农业,不能完全依靠灌溉 重点做好保墒耕作、地面覆盖及节水灌溉等措施。 (郭宁)

碳酸盐褐土剖面

(摄影:王胜涛)

22.棕壤的特点与利用技术有哪些?

棕壤又名棕色森林土,发育于暖温带湿润气候下,淋溶、黏化作用下形成的具有黏化层的地带性土壤。棕壤腐殖质累积、黏化及碳酸盐淋溶等成土过程明显,腐殖质层有机质含量1.5%～3%,母岩为各类岩石的风化物和残坡积物(石灰岩除外),土体以暗棕灰色为主,质地多为壤土,透水性好,呈微酸性至中性反应。二氧化硅有由上向下渐多的趋势,但在剖面的分布上下基本一致,未见任何表层聚积的现象,无灰化特征。

棕壤主要分布在山东和辽东半岛的低山、丘陵和山前台地,在半湿润半干旱地区的山地,如燕山、太行山、嵩山、秦岭、伏牛山、吕梁山和中条山的垂直带谱的褐土或淋溶土之上,以及南部黄棕壤地区的山地上部也有棕壤分布。棕壤区具有良好的生态条件,生物资源丰富,土壤肥力较高,已成为我国发展农业、林业、水果、药材的重要生产基地。改良利用的技术主要有加强水土保持技术,防治水土流失;因地制宜综合治理与改造中低产土壤技术;陡坡地退耕还林还草技术。

(于跃跃)

棕壤剖面(辽宁)(左)、丘陵地区棕壤(山东)

(摄影:徐明岗、李玲)

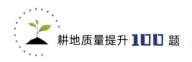
23.黄土的特点和利用技术有哪些?

黄土也称为黄绵土,是第四纪风成黄土,在沉积过程中,由西北向东南,风力渐减,沉积颗粒逐渐变细。黄土层深厚疏松,具有良好的通透性和保水保肥性,抗冲性弱,易遭受水蚀和风蚀,富含碳酸钙,透水性较强,柱状结构发达,"七沟八梁一面坡,层层梯田平展展"是这里环境的生动写照。黄土分布在整个黄土高原,主要分布在陕西、甘肃、陕西、宁夏等省份。

黄土质地松散,粉沙含量高,抗冲抗蚀性能弱,水土保持是土壤合理利用的重中之重。需要合理调整农、林、牧业生产结构,发展生态农业,最大限度增加地面覆盖,改善环境和生产条件,防治土壤退化;推行旱作农业技术,蓄水保墒,地膜覆盖,合理耕作,保证农业生产可持续进行。

(于跃跃)

陕西杨凌黄土剖面

(摄影:何亚婷)

24.水稻土的特点和利用技术有哪些？

水稻土是指因长期种植水稻而形成的一种具有氧化还原反应特点的人为土壤。通过耕作、施肥、灌溉排水等，改变了原来土壤在自然状态下的物质循环与迁移积累，促使土壤性状发生明显改变，形成一新的土壤类型。水稻土具有水耕熟化层、犁底层和水耕淀积层。水稻土广泛分布于我国温带地区到亚热带地区，约占全国耕地面积的20%，主要分布于秦岭－淮河一线以南的平原、丘陵和山区之中，尤以长江中下游平原、四川盆地和珠江三角洲最为集中。

水稻土是人为形成的土壤，利用技术主要集中在两个方面：一是培育高产的水稻土，通过合理施肥保持土壤养分平衡，建立高质量的排灌系统，开展集约化耕作技术管理；二是低产田土壤改良技术，包括改善生产条件、提高土壤肥力等技术。　　　　（于跃跃）

水稻土剖面（江西南昌）（左）、水田不同轮作改土培肥长期试验（湖南祁阳）（右）

（摄影：徐明岗）

25.灰漠土的特点和利用技术有哪些？

灰漠土是漠境边缘地区细土平原上形成的土壤，灰漠土区的气候特征是：夏季炎热干旱，冬季寒冷有雪，年平均气温低，年蒸发量超出降水量10倍左右。灰漠土具有孔状结皮、鳞片状亚表层及紧实层的特征，棕褐色紧实层中铁铝氧化物含量与黏粒含量均比表层高，且出现的部位比其他漠土深，剖面下部积累少量盐分和石膏。灰漠土分布于温带漠境边缘向干旱草原过度地区，位于内蒙古河套平原、宁夏银川平原的西北角，新疆准格尔盆地沙漠两侧的山前倾斜平原，甘肃河西走廊中西段、祁连山的山前平原。

灰漠土区天然植被为旱生和超旱生的灌木与半灌木，如假木贼、蒿、猪毛菜等。部分地区如柴达木盆地，灌溉灰漠土已经种植春小麦、青稞、蔬菜等作物。土壤改良利用的方向主要是限于水源不足，以保护生态环境为主，防止破坏，逐步提高植被覆盖度。　　（于跃跃）

新疆灰漠土长期试验（左）、新疆灰漠土样品库（右）

（摄影：徐明岗）

26.泥炭土的特点和利用技术有哪些？

泥炭土是长年积水或季节性积水，水分长期处于饱和状态，生产茂密植被或水生植被，大量未经充分分解的有机质累积于地表，厚度超过50cm以上，即属泥炭土。泥炭土主要分布于四川、黑龙江、吉林等省，四川主要分布于若尔盖、甘孜、凉山，在黑龙江东北部遍及三江平原牛牯湖浅平洼地及在吉林小兴安岭及松嫩平原也有分布。

　　泥炭土是一项重要的有机物质资源，除农用外，可用于化工、轻工、药用等。泥炭土富含氮素，有较高吸收交换性能，有巨大的持水、吸水能力，可作为土壤改良材料、肥料原料、种植基质等。泥炭土一般是湿地，是芦苇、香蒲等水生植物的栖息地，可重点发展旅游业。　　　　　　　　　　　　　　　　　　　　（于跃跃）

泥炭土景观（芬兰）

（摄影：徐明岗）

第二部分
土壤生产功能与肥力质量提升

27.什么是土壤肥力？

土壤肥力是土壤基本属性和本质的特征，是土壤物理、化学、生物等多种性质的综合体现，主要体现在供应和协调植物生长的能力。农业生产中土壤肥力是保障作物高产的重要指标。

土壤肥力按成因可分为自然肥力和人为肥力。自然肥力指在五大成土因素（母质、气候、生物、地形和年龄）影响下形成的肥力，未开垦的自然土壤产出作物的产量可视为自然肥力的程度；人为肥力指长期在人为的耕作、施肥、灌溉和其他各种农事活动影响下所产生的结果，主要存在于耕作土壤；目前耕地的土壤肥力，是自然肥力和人为肥力的总称。

（于跃跃）

潮土培肥示范基地（河南原阳）（左）、福建典型水稻土（有机物料培肥试验）（福建闽侯）（右）

（摄影：徐明岗）

28.提升土壤肥力的技术措施有哪些？

（1）施用有机肥　在肥力较弱的农田土壤施用具有提高生产能力的作用，可改善土壤理化性状、增加有机质含量、提高作物抗虫害能力等多重效果。

（2）合理施用化肥　按照测土配方施肥技术，科学施用配方肥，确保各种营养元素的均衡供应，满足作物的需求，提高肥料利用率。

（3）秸秆还田　一是秸秆经过堆沤后施入土壤；二是在作物收获后，把秸秆切碎撒在地表后用犁翻压，直接还田。

（4）合理轮作　一是适当增加豆科作物种植面积，二是种植耗地力作物要控制年限。

（5）合理调整农、林、牧用地比例　林业的发展恢复是平衡生态，改善气候条件，变恶性循环为良性循环的有利措施。合理的畜牧发展可以为土壤提供大量有机质，是培肥地力、提高农作物产量的直接措施。

（闫实）

施用有机肥培肥（左）、土壤秸秆还田（右）

（摄影：徐明岗）

29.土壤肥力和土壤生产力的关系是什么？

土壤生产力和土壤肥力既有联系又有区别。土壤肥力是反映土壤肥沃性的一个重要指标，用来衡量土壤能够提供作物生长所需的各种养分的能力。土壤肥力是土壤的基本属性和本质特征，是土壤为植物生长供应和协调养分、水分、空气和热量的能力，是土壤物理、化学和生物学性质的综合反应。

土壤生产力是由土壤本身的肥力属性和发挥肥力作用的外界条件所决定的，作物产量是土壤生产力的直观体现，肥力只是生产力的基础。肥力因素相同的土壤，如果所处的环境不同，表现出来的生产力可能相差较大。因此，可以说土壤肥力和土壤的自然、人为因素构成了土壤生产力。

(闫实)

水田施用有机肥稳产丰产（湖南祁阳）（左）、优化种植结构与合理施肥培肥土壤（哈尔滨黑土培肥长期试验）（右）

（摄影：徐明岗、郝小雨）

30.什么是地力和地力贡献率？我国不同区域农田地力贡献率有多大？

地力是指在特定气候区域以及地形、地貌、成土母质、土壤理化性状、农田基础设施及培肥水平等要素综合构成的耕地生产能力，由立地条件、土壤条件、农田基础设施条件及培肥水平等因素影响并决定。地力贡献率是指不施肥作物产量与施肥作物产量之比，它是农田土壤养分供给力的一种相对评价方式，其值越大表明土壤供应养分能力越强，通过研究其时间上的变化大小可反映土壤供应养分的稳定性。

我国黑土耕地地力贡献率最高，为63.0%；水稻土次之，为54.0%；红壤最低，为41.7%；3种主要粮食作物水稻、玉米、小麦地力贡献率分别为60.0%、51.0%和45.7%。全国单季稻有两个较明显的地力贡献率高值区：长江中下游地区和四川盆地，总体呈现越往北越低的趋势，黑龙江省最低，全省平均为37%，湖南、云南等地最高可达70%以上。双季稻地力贡献率较高的区域主要在东部沿海地区，其中江浙一带在60%以上；地力贡献率较低的区域分布在西南地区。小麦地力贡献率最低，为30%～50%。冬小麦种植面积较大，北方小麦的地力贡献率高于南方，长江以南地区由于土壤气候条件限制，地力贡献率较低；华东地区土壤有机质丰富气候条件适宜，而甘肃西北部及新疆麦区光照时间长，昼夜温差大，且土壤肥沃，有利于光合作用及干物质积累，地力贡献率均较高。玉米的地力贡献率分布规律为从东往西、从南往北均呈上升趋势，夏玉米地力贡献率最低，平均为33%，高值区出现在东北三省。　　　　（闫实）

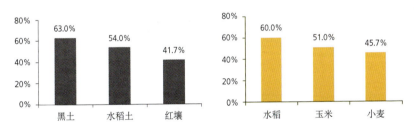

不同土壤类型及不同作物类型的地力贡献率

（绘图：李玲）

31.高中低产田是如何划分的？

高中低产田的划分方法主要有两种：第一种比较常用，是以近几年粮食平均单产为基础，上下浮动20%作为高产、中产、低产田的标准，上下限之间的耕地为中产田，高于上限的为高产田，低于下限的为低产田；第二种是按照NY/T310—1996《全国中低产田类型划分与改良技术规范》、NY/T309—1996《全国耕地类型区、耕地地力等级划分》标准，以耕地的内在基础地力、外在农田设施建设水平和耕地产出能力为基础，结合不同区域特点，将耕地划分为高产田、中产田和低产田三类。按照第二种划分方法，高产田是指没有明显的土壤障碍因素，水肥气热环境协调，农田基础设施配套完善，在当地典型种植制度和管理水平下，主导粮食作物产量能够持续稳定维持在较高水平的耕地。 (闫实)

红壤有机肥改土高产试验田（江西进贤）（左）、水田有机肥改土高产示范田（江西进贤）（右）

（摄影：徐明岗）

32.如何提升土壤保肥和供肥能力？

土壤保肥性能大小取决于土壤胶体的数量、组成和性质。土壤胶体是由直径为 $1\times10^{-7} \sim 100\times10^{-7}$ cm 的微细颗粒组成。土壤胶体含量越高，土壤保肥性能越好，反之亦然。提高土壤保肥能力非常重要的措施就是提高土壤胶体数量和质量，增施有机肥料、改良土壤质地、合理耕作、调节交换性阳离子组成、种植绿肥、合理间套轮作、秸秆还田、有机无机肥料平衡施用、施用土壤改良剂等措施，都能有效提高土壤的保肥性能。

土壤中的养分不是都能被作物吸收利用的，根据土壤养分能否为作物吸收利用程度，可以分为潜在养分和有效养分。土壤有效养分的多少，可以作为反映土壤供肥性能的指标。因此，提高土壤的供肥性能，非常重要的一点就是要促进潜在养分向有效养分转化。土壤质地轻重、结构状况、耕层深浅、土壤酸碱度高低、土壤水分、土壤空气和土壤温度，以及土壤胶体状况和土壤微生物的数量等都能影响土壤养分形态的转化。提升土壤的供肥能力的措施有很多：①增施有机肥料；②改良土壤质地，比如采用引洪淤灌、放淤压沙、掺黏改沙等；③合理耕作，如深翻，中耕耙糖等；④合理排灌，如施肥后结合灌水，或趁墒施肥，或土壤遇涝积水时及时排水通气；⑤调节交换性阳离子组成，针对酸性土、碱性土的不同，施用土壤改良剂等，调节土壤酸碱性，提高供肥性能。　　　　（闫实）

红壤酸化有机肥及石灰改良试验（湖南祁阳）（左）、秸秆还田提升土壤保肥能力（右）

（摄影：徐明岗、梁金凤）

33.如何提升土壤保水和供水能力？

土壤的保水和供水能力主要由土壤质地及其土壤结构决定。黏土通透性差，保水能力最强，沙土保水能力最差，壤土保水能力介于沙土和黏土之间。对于沙滩薄地、山岭薄地，由于其土壤透气性较好，保水保肥能力差，易于漏水漏肥，应大量增施有机肥并掺黏土，提高保肥保水及供肥供水能力。对于沙滩地下部存在黏板层和地下水位过高的问题，注意打破黏板层，降低地下水位。而石灰岩山麓、冲积平原黏土地，土壤保水保肥力强，但通气透水性差，应深翻增施有机肥，掺沙改善土壤透气性，并挖好排水沟。　　（闫实）

施用土壤改良剂15d后的土壤　　　　未施用土壤改良剂15d后的土壤

（摄影：刘自飞）

34.如何理解"庄稼一枝花，全靠肥当家"？

　　"庄稼一枝花，全靠肥当家"，在我国很多地方，庄稼"这枝花"真的几乎全靠肥料"当家"。要想庄稼长势好，多施肥是千百年来我国劳动人民农业生产的经验总结。在今天看来，这一经验仍有一定的实用性。肥料对提高农作物产量功不可没，至少在未来相当长远的一段时间，人类要吃饱肚子，不可能摆脱对它的依赖。然而肥料不是施用越多越好，而是要合理施用才能高产，不合理施用肥料不仅造成肥料的浪费，也会给环境造成一定压力。因此，科学认识、合理利用肥料，尤其是提升肥料的利用效率是亟须解决的重要问题。　　　（刘瑜）

有机肥增产示范（江西进贤）（左）、水肥合理配施下的生菜长势良好（右）

（摄影：徐明岗、刘瑜）

35.如何提升土壤养分的生物有效性？

土壤养分的生物有效性指土壤中养分元素活化、迁移与植物根系对养分元素的吸收、输送的复合过程，即指在土壤中能够与植物根系接触、被植物吸收并影响其生长速率的那部分养分。提升土壤养分的生物有效性有以下途径：一是施肥，施肥可增加土壤溶液中养分的浓度，增加质流和截获的供应量，加大土体与根表间的养分浓度差，增加养分扩散迁移量，尤其是向土壤直接供应有机螯合态肥料，或者施用有机肥，可减少养分的吸附和固定。二是增加土壤湿度，使土壤表面水膜加厚，能增加根表与土粒间的接触吸收，减少养分扩散的曲径，提高养分扩散速率。　　　　　　（刘瑜）

水田有机肥培肥丰产田（祁阳）（左）、旱地改良剂保水（江西红壤）（右）

（摄影：徐明岗）

36.提高化肥利用率的措施有哪些？

化肥利用率受土壤特性、肥料种类、施肥量和作物品种等多因素影响。目前有些作物氮、磷的利用率很低，氮肥的利用率在20%～50%，磷肥的利用率在10%～30%，因此，需要因地施肥、因需施肥，采取有效技术措施来提高化肥的利用率。①根据土壤供肥能力、pH和作物需肥特点，合理确定肥料的施用量和施用品种，不同种类的肥料要采用不同的施用方法；②氮、磷、钾化肥与有机肥合理配施；③根据肥料种类进行深施和集中施、分层施；④根据不同农作物对养分需要的临界期和最大效率期养分需求期适期使用；⑤科学灌水，水分的供应与作物营养的吸收有密切的关系，适量灌溉能提高肥料的利用率，但过多或过少将使利用率下降；⑥叶面喷肥，不仅可以及时满足作物对养分的需求，还可以减少土壤对养分的固定，提高肥料利用率。 （刘瑜）

有机肥改土培肥丰产示范（江西进贤）（左）、稻田施用新型肥料试验（湖南）（右）
（摄影：徐明岗）

37.合理施用有机肥的技术要点有哪些？

有机肥对提高作物产量、提升品质有重要作用，但是有机肥的不当施用，如有机肥的品质较差、施肥量过高也会产生一些不良后果，造成土壤盐分累积，对土壤容重、有机质、团聚体和微生物带来不良影响，不利于作物正常生长。为高效合理施用有机肥，要注意以下三点：一要选择优质有机肥。生产中一定要选用优质、无污染有机肥并充分腐熟。如需购买商品有机肥，应选用正规大厂家生产的有机肥。二要严格控制施肥量。三要配合生物肥施用。生物肥中生物菌能加速有机肥中有机物分解，使其更利于作物吸收，同时能将有机肥中有害物质分解转化，避免其对作物造成伤害。 （刘瑜）

有机肥堆肥（左）、农民施用有机肥（右）

（摄影：刘瑜）

38.如何理解和实现化肥的减肥增效？

化肥是保障国家粮食安全和农产品有效供给必不可少的投入品。当前，我国化肥过量施用情况严重，常年用量达6 000万t，占世界化肥消费总量的35%，单位耕地面积化肥用量是世界平均水平的3倍，是欧美国家的2倍。要确保粮食持续高产、肥料养分高效和生态环境安全多重目标的实现，必须根据我国国情，应用化肥减肥增效关键技术。目前普遍施用的六种关键技术为：平衡施肥技术、有机肥替代技术、秸秆还田技术、新型肥料技术、肥料机械深施技术、水肥一体化技术，且要做到因地制宜，在不同区域选择特定技术模式。 （刘瑜）

果园减肥增效示范田（云南华坪）（左）、科学施肥技术助力实现化肥减肥增效（右）

（摄影：徐明岗、刘瑜）

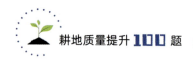
39.什么是平衡施肥和测土施肥？

平衡施肥，是依据作物需肥规律、土壤供肥特性与肥料效应，在施用有机肥的基础上，合理确定氮、磷、钾和中微量元素的适宜用量和比例，采用相应科学施用方法的施肥技术。

测土施肥，以土壤测试和肥料田间试验为基础，根据土壤测试结果、作物需肥规律和肥料效应，在合理施用有机肥料的基础上，提出氮、磷、钾及中微量元素等肥料的施用数量、施肥时期和施用方法。通俗地讲，根据测土结果科学施肥。

无论平衡施肥还是测土施肥，都是调节和解决作物需肥与土壤供肥之间的矛盾。有针对性地补充作物所需的营养元素，作物缺什么元素就补充什么元素，需要多少补多少，实现各种养分平衡供应，满足作物的需要；达到提高肥料利用率，增加作物产量，改善农产品品质，节省劳力的目的。测土配方施肥是在测土施肥基础上，使用专用配方肥，进一步简化落实科学施肥，主要包括"测土、化验、配方、配肥、供应、校验、施肥指导"六个核心环节。　　　　　（陈娟）

旱地测土配方施肥田间示范试验（山西）（左）、水稻测土配方施肥田间示范试验（右）
（摄影：徐明岗、陈娟）

40.什么是水肥一体化技术？

水肥一体化技术是指将灌溉与施肥融为一体的农业新技术。水肥一体化是借助压力系统（或地形自然落差），将可溶性固体或液体肥料，按土壤水分养分供应量和作物种类的需水需肥规律和特点，配兑成的肥液与灌溉水一起，通过可控管道系统供水、供肥，使水肥相融后，通过管道和滴头形成滴灌，均匀、定时、定量浸润作物根系发育生长区域，使主要根系土壤始终保持疏松和适宜的水分和养分供应，同时提供作物生长所需养分，水肥互相促进，提高水肥利用率。水肥一体化技术是现代种植业生产的一项综合水肥管理措施，具有节水、节肥、省工、优质、高效、环保等优点。　　　（陈娟）

旱地果园水肥一体化（甘肃石羊河）（左）、旱地水肥一体化（内蒙古武川）（右）

（摄影：徐明岗）

41.我国南方秸秆还田的技术模式有哪些?

（1）早稻秸秆粉碎还田腐熟技术模式　早稻收割时，留茬高度应小于15cm，边收割边将全田稻草切成10～15cm长度的碎草。将切碎的稻草均匀地撒铺在田里，平均每亩稻草还田量为300～400kg。稻草撒铺后，在稻草上撒秸秆腐熟剂，同时施用基肥。

（2）水稻秸秆覆盖还田腐熟技术模式　在水稻收割时，留茬高度小于15cm，割下的稻草切成10～15cm长度的碎草，下茬种植油菜，趁墒将稻草均匀覆盖于水稻田宽窄行的窄行中，宽行留作免耕栽油菜。

（3）墒沟埋草还田腐熟技术模式　该技术模式适用于麦-稻轮作区，冬小麦播种后，立即开挖田间墒沟。小麦收割时，尽量齐地收割，按每亩250～350kg小麦秸秆量就地均匀铺于农田畦面，将多余小麦秸秆置于本田墒沟内，然后施用腐熟剂和基肥。墒沟麦秸在水稻生长过程中进行腐解，在秋播时，将墒沟内腐烂的秸草挖出，施入本田用作基肥或盖籽肥。

（陈娟）

南方水稻秸秆还田（左）、稻草秸秆覆盖还田（右）

（照片由李玲提供）

42.我国北方秸秆还田的技术模式有哪些？

（1）玉米秸秆机械粉碎腐熟还田技术　在玉米成熟后，采取机械收割玉米穗，将玉米秸秆粉碎，并均匀覆盖地表；同时将秸秆腐熟剂和尿素混拌后均匀地撒在秸秆上。采取机械旋耕、翻耕作业，将粉碎的玉米秸秆、尿素与表层土壤充分混合，及时耙实，以利保墒。

（2）小麦秸秆高留茬覆盖还田技术　在小麦收获时，采用联合收割机进行小麦收获、同时进行秸秆还田一体化。一般小麦留茬高度20～30cm，上部秸秆切成10cm以下碎草，均匀撒在地表，全量还田。

（3）秸秆集中堆腐还田技术　收获农产品时，将作物秸秆也从地中清理出来，在农闲时间，选择田间地头空闲地方，铺一层作物秸秆，喷上水，撒一层畜禽粪便或者尿素，再铺一层秸秆，这样一层层堆到1m多高，盖上塑料布或用泥土封层，定期翻堆，等腐熟后施入土壤。

（4）秸秆生物反应堆技术　在设施农业中，设施内按特定距离挖深0.5m左右沟，把作物秸秆一层层堆进去，同时在每一层间撒入特制的秸秆生物反应堆专用菌剂和畜禽粪便或者尿素。在埋秸秆堆肥沟间定植作物。在作物生长期间，秸秆在田间腐烂，同时释放出二氧化碳，促进作物生长。下一茬再在埋秸秆处定植作物，在原来定植作物处再埋入秸秆。　　　　　　　　　　　　　　　（陈娟）

北方玉米秸秆还田

（摄影：于跃跃）

43.为什么秸秆还田要增施一些氮肥？

秸秆腐熟是土壤中的微生物分解利用有机质的过程，由于这些微生物分解秸秆中有机质需要利用一定数量的氮素，如果土壤中氮素不足，秸秆在分解过程中会出现微生物与后茬作物幼苗争夺速效氮素的现象，从而影响后茬作物幼苗的正常生长和秸秆的快速腐烂。一般玉米秸秆还田数量在每亩400～600kg时，应增施碳酸氢铵30～50kg或尿素15～20kg，以增加土壤中速效氮素的含量。　　　　　　　　　　　　　　　　　　　　　　（陈娟）

南方秸秆还田配合施用氮肥（左）、北方秸秆还田后增施速效氮肥（右）

（摄影：徐明岗、李玲）

44.为什么秸秆还田要配合施用秸秆腐熟剂？

秸秆还田过程配合施用秸秆腐熟剂有利于促进秸秆快速腐烂。秸秆腐熟剂中含有大量的酵母菌、霉菌、细菌和放线菌等，其大量繁殖能有效地将作物秸秆分解成作物所需的氮、磷、钾等大量元素和钙、镁、锰、锌等中微量元素，同时合成有机质，能够有效地改善土壤团粒结构，提高土壤通气和保水保肥功能，并且能产生热量和一定量的二氧化碳，从而改善作物的生长环境并促进作物秸秆循环的有效利用。

（梁金凤）

北方秸秆还田（左）、北方玉米秸秆深埋及腐解菌剂示范田（山西寿阳）（右）

（摄影：徐明岗、刘瑜）

45.为什么北方秸秆还田配合有机肥施用效果好?

秸秆还田是北方粮田培肥土壤的主要技术之一,秸秆含有大量的氮、磷、钾养分和有机质含量,可以补充土壤大量的养分以及增加土壤有机质含量,提高土壤生物活力。土壤微生物最适宜的碳氮比值为25左右,但是秸秆碳氮比值一般在40左右,单独使用秸秆会抑制微生物活性,而有机肥碳氮比值一般在20以下适合微生物活动,特别是有机肥含有大量的有益微生物能促进有机物质分解,因此秸秆还田与有机肥配施,碳氮比例适中,微生物活性强,利于秸秆的快速分解,从而有利于提高土壤质量。 (梁金凤)

秸秆还田配合施用有机肥

(摄影:梁金凤)

46.北方主要绿肥栽培技术要点是什么?

(1)选择适宜品种 北方应选择耐寒、越冬性强的品种,比如:三叶草、二月兰、苜蓿、黑麦草、鼠茅草等。

(2)掌握适宜播期 夏季绿肥一般在5~8月播种,冬季绿肥宜在8~9月播种。

(3)掌握适宜播量 一般禾本科绿肥每亩用1.5~2.5kg,豆科绿肥0.5～1.0kg，十字花科绿肥1.5～2.0kg。

（4）选择适宜播种方式 以条播或撒播为主，春季适宜条播，播前需精细整地，行距一般为15～30cm，播种深度一般2～3cm。秋季适宜撒播，撒施后覆土即可。若土壤墒情不足，播后喷灌、滴灌补充土壤墒情。

（5）田间管理 若不追求鲜草产量，一般不需要施肥、浇水，但施肥、浇水可大幅度提高鲜草产量。若施肥要在绿肥的生长期，每年一到两次，主要以氮肥为主，撒施或叶片喷施均可。每年每亩施氮肥10～20kg。豆科作物可以少施氮肥，但要适当增加磷肥施用。

（梁金凤）

甘肃玉门绿肥示范（左）、北方三叶草（右）

（摄影：徐明岗、梁金凤）

47.南方主要绿肥栽培技术要点是什么？

紫云英栽培技术要点：①紫云英播种前最好经盐水选种和擦种，拌根瘤菌和磷肥后播种；②要注意防渍防旱和防治病虫害；③近年来各地推广紫云英旱地留种，既有利于旱稻增产，且旱地排水良好，紫云英结荚多、病虫害少、籽粒饱满、产量高。

苕子栽培技术要点：①南方宜用耐湿性好、生育期短、抗逆性相对较差的蓝花苕子；②苕子在播种前可用60℃温水浸种，以利吸水发芽，播种时用磷肥作基肥和种肥；③苕子生长忌渍水，注意排灌；④可利用高秆作物做支架，防止营养体生长过旺落花落荚，以提高产种量。

绿萍栽培技术要点：①绿萍生产中需要做好萍种的夏保萍和越冬保种两项工作；②施肥以磷为主，必要时增施少量钾或氮，配合钼、硼等，以提高萍体鲜重及增加固氮量；③为避免放萍影响水稻生长，需培育壮秧。

（梁金凤）

南方绿肥紫云英景观

（摄影：徐明岗、于跃跃）

48.如何培育良好的耕层?

改善土壤耕层可从以下几个方面进行:

（1）增施有机肥　有机肥料中含有大量的有机质，经转化形成腐殖质。施用有机肥可以克服沙土过沙、黏土过黏的缺点；有机质在提供养分的同时，还可以改善土壤结构状况，使土壤松紧程度、孔隙状况、吸收性能等方面得到改善，从而提高土壤肥力。

（2）合理耕作　土壤耕作的核心任务是通过农具的物理机械作用创造一个良好的耕层构造和适宜的孔隙比例，以调节土壤水分和空气状况，从而协调土壤中水、肥、气、热等肥力因素之间的矛盾，为作物播种、出苗、根系生长创造一个松、净、暖、平、肥的土壤环境。

（3）秸秆还田　秸秆还田可以增加土壤中的有机质含量和各种

养分含量，改善土壤结构，使土壤疏松、孔隙度增加、容重减轻，促进微生物活力和作物根系的发育，培肥地力，提高土壤保水保肥能力，是培育良好耕层的重要措施。 （梁金凤）

施用有机肥改善土壤结构和耕层构型

（摄影：徐明岗、马云桥）

49.如何防治土壤板结？

防治土壤板结常用以下几种方法：

（1）实施保护性耕作技术 保护性耕作技术具有改善土壤结构、增加土壤有机质、防治土壤板结的作用。

（2）增施有机肥 增施有机肥，可改善土壤结构，增强土壤保肥、透气、调温的性能，从而防止土壤板结。

（3）秸秆还田 秸秆粉碎还田可提高土壤有机质含量，增加土壤孔隙度，协调土壤中的水肥气热，改善土壤理化性状。

（4）适度深耕 运用大型拖拉机进行深松整地，当深松深度达到30cm以上时，可打破犁底层，改善耕层构造。

（5）合理灌溉 大水漫灌由于冲刷大，对土壤结构破坏最为明显，易造成土壤板结，沟灌、滴灌、渗灌等较为理想，沟灌后应及时疏松表土，防止板结，恢复土壤结构。

（6）施用土壤结构调理剂　施用土壤结构改良剂可以打破土壤板结，疏松土壤，改善土壤的通气状况。

（7）晒垡和冻垡　对土壤进行晒垡和冻垡，可充分利用干湿交替和冻融交替对土壤结构形成的作用，熟化土壤，防止板结。（梁金凤）

结构不良（板结）的土壤（湖南祁阳水田）（左）、水稻秸秆覆盖还田保水改土（右）

（摄影：徐明岗）

50.保护性耕作的作用及在我国应用如何？

保护性耕作是指能够保持水土、培肥地力和保护生态环境的耕作措施与技术体系，以秸秆覆盖和少耕、免耕、深松为核心内容。通过减少对土壤的耕种次数、实行地表覆盖、合理耕作，可以达到保水、保土、保肥、抗旱增产、节本增效、改善生态的目的，具有保护农田、减少扬尘、抗旱节水、培肥地力、提高单产、降低成本、增加收入、促进农业可持续发展等多种作用。农业农村部要求"秸秆覆盖量不低于秸秆总量的30%，留茬覆盖高度不低于秸秆高度的1/3。

我国自20世纪60年代开始进行保护性耕作试验研究，经过多年努力，开发研制出多种适合中国国情的中小型保护性耕作配套机具，在保护性耕作技术的试验、示范、推广上取得了突破性进展。实践表明，保护性耕作符合中国国情，具有显著的保土、保水，增强土壤肥力，改善土壤结构，抑制农田地表扬尘，降低农业生产成本和增加农民收入等优点。从2002年起农业部启动"保护性耕作示范工程"项目，以旱作地区为重点在全国大力推广保护性耕作技术，至2014年全国保护性耕作技术应用面积超过0.08亿hm^2，产生了巨大的经济、社会和生态效益。十几年间，我国保护性耕作实现了阶段性跨越，成效显著。推广面积快速增长，应用范围持续扩大。实现了由北方旱作区为主向南方地区，由玉米、小麦为主向水稻、油菜、马铃薯等多种作物的拓展。保护性耕作机具种类大幅度增加，作业质量明显提高，新型稻作技术、大豆免耕播种技术日益成熟。　　　　(赵凯丽)

北方黑土保护性耕作示范田（黑龙江）（左）、南方稻田保护性耕作栽培（右）

（摄影：徐明岗）

51.为什么说土壤深松可以提升土壤肥力？

深松是疏松土层而不翻转土层，相对于传统翻耕可以保持原土层不乱，形成行与行间虚实并存的土壤结构。耕层中"虚"的部分能够蓄纳雨水，通气性好，好气性微生物活动旺盛，有利于分解有机物质，增加土壤有效养分含量；行间"实"的部分，土壤密实，通气性差，土壤中的微生物在嫌气条件下，能将土壤中的有机质转变成土壤腐殖质，提高土壤的潜在肥力，并且密实的土壤结构有利于提墒，促进作物根系发育。虚实并存的土壤结构，使养分释放与保存的矛盾得以解决。另外，深松不翻动土壤，可保持地表作物残茬留在地表，既能增强土壤的贮水保墒性能，又能保护地面，避免风蚀水蚀，保持水土，也能减少因翻地使土壤裸露造成的扬沙和浮尘天气。

（赵凯丽）

深松土壤

（摄影：李玲、刘自飞）

52.轮作在农业生产中发挥怎样的作用？

轮作是在同一田地上，在一定时间内，按照作物的特性，有顺序地轮换种植不同作物的种植方式。轮作是人类在长期的生产实践中探索出来的既能用地又能养地的耕地利用方式，在农业生产中一直发挥着积极的作用：

（1）可以调节土壤肥力状况　不同作物的生物学特性不同，从土壤中吸收的养分种类、数量、时期和利用效率也不同，将营养生态位不同而又具互补作用的作物进行合理轮作，可以均衡利用土壤中的各种养分。

（2）可以改善土壤化学性状　不同作物的秸秆、残茬、根系、落叶可以补充土壤中的有机质和养分，调节土壤有机质状况，改善土壤生态环境和化学性状。

（3）可以改变土壤结构　不同作物覆盖度不同，根系发育特点和管理措施也不同，因而对土壤结构、耕层构造带来不同影响，从而改善土壤物理性状，调节土壤肥力，保持土地生产力。

（4）减轻病虫危害　轮作通过改变作物种类和栽培管理措施，可使病原菌和害虫的寄主发生变化，改变生态环境和食物链组成，从而减轻病害，提高产量。

（5）可以防除和减轻田间杂草危害。

（6）合理利用农业资源，促进多种经营　合理的作物搭配，既有利于充分利用土地、自然降水和光、热等自然资源，又有利于合理使用机具、肥料、农药、灌溉用水、资金等社会资源。　（赵凯丽）

南方多熟制轮作（湖南长沙）（左）、水田不同轮作改土培肥长期试验（湖南祁阳站）（右）

（摄影：徐明岗）

53.间套作在农业生产中发挥怎样的作用？

间套作是指两种或两种以上作物隔畦、隔行或隔楼有规则栽种的种植制度，北方一年一熟地区通过间套作可达二年五熟，南方在一年二至三熟的基础上通过间套作可达五至六熟以上。有着上千年悠久历史的间套作，主要有着以下作用：①能够显著提高作物的产量，产生明显的经济效益；②有效提高光、热、水、土资源利用率；③改善土壤肥力，防止水土流失；④控制病虫草害，减少化学农药的使用量；⑤增强农作物对旱涝灾害、冻害等自然灾害的抗逆能力等。由于这些优势，间套作在世界范围内广泛应用，如今仍然是我国农业生产中一项十分重要的种植措施。　　　　　　　　（赵凯丽）

果草经间作模式（江西）（左）、生态茶园及茶林间作模式（江西）（右）

（摄影：徐明岗）

54.哪些措施可以防止连作障碍？

连作障碍，是指连续在同一土壤上栽培同种作物或近缘作物引起作物生长发育不良、产量下降、病虫害严重、品质变劣等现象。连作障碍严重阻碍和制约了我国现代农业可持续发展的进程。防止连作障碍的主要措施有：

（1）合理施用生物有机肥　生物有机肥不同于传统仅经过自然发酵制成的有机肥，除含有机质（动植物残体）外，还含具备特定功能的微生物。如果微生物选择正确，施用合理，那么施入土壤的有益微生物就可以对土著病原菌发动战争，且打击效果非常显著，能够在很大程度上减轻黄瓜、西瓜、烟草等经济作物的连作障碍。

（2）土壤消毒　连年栽培同种作物，为土壤中病虫害提供了发生的场所和环境。通过土壤消毒，向土壤中施用化学农药，可以高效快速地杀灭真菌、细菌、线虫、杂草、土传病毒、地下害虫、啮齿动物等有害生物，克服番茄枯萎病、茄科蔬菜青枯病、瓜类枯萎病和疫病等蔬菜的连作障碍。

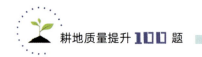
（3）发展轮、间、套作制度　合理的作物搭配，施行轮、间、套作，既有利于发挥增产的作用，促进多种经营，还可以改善农田的生物多样性，提高农田生态系统的稳定性，促进对农业资源合理利用。

（赵凯丽）

土壤消毒机（山东安丘）（左）、土壤消毒现场（山东安丘）（右）

（摄影：徐明岗）

第三部分
土壤生态功能与健康质量提升

55.如何理解土壤健康？

土壤是农业的基础和几乎所有粮食作物生长的媒介，大约95%的粮食直接或间接地产自土壤。健康的土壤不仅能够提供粮食作物生长发育所需的营养元素、水分、氧气和根系支持，也是植物健康和食品安全的关键，同时是环境变化的缓冲器，也是环境污染的修复器。健康的土壤还可以通过维持或增加自身的碳含量来减缓气候变化。土壤健康是作物生产可持续的先决条件，是指有生命的土壤在生态系统范围内维持动植物生产力、维持或提高水和空气质量以及促进动植物健康的能力。保持土壤健康，就意味着在农业生产过程中，对耕地、施肥和控制病虫害等方面进行科学管理，构建良好的健康耕层结构，调节土壤养分的分解和转化，提高土壤保肥保水能力，从而促进作物健康生长及提高作物产量，并减缓农业生产对土壤及生态环境的负面影响。

（何文天，金梁）

健康土壤一景（国家潮土土壤肥力与肥料效益长期监测站）（左）、
水稻平衡施肥高产示范田（右）

（摄影：徐明岗）

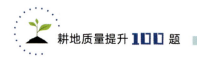
56.如何理解土壤是生命体？

土壤是陆地生态系统的中心，是自然界最复杂的生态系统之一，也是地球上最为多样化的栖息地之一。土壤是有机质、矿物质、气体、液体和生物的混合物，它是一个动态的生态系统，为植物生长提供了机械支撑、水分、养分和空气条件；能够储存、供应和净化水分，也是地球大气层的调节剂；同时作为生物体的栖息地，其中存在着数量巨大的、具有生命活力的微生物和动物，这些生物相互作用，促进生态系统循环，维持所有的生命。土壤生物是土壤具有生命力的主要成分，可分为微生物(真菌、细菌、古菌和病毒)、动物群(原生动物、环节动物、节肢动物、线虫和软体动物)和植物区系(植物及藻类)。栖居在土壤中的活的有机体，可分为土壤微生物(细菌、放线菌、真菌和藻类)和土壤动物(环节动物、节肢动物、软体动物、线形动物和原生动物)，其中原生动物由于其个体很小，可视为土壤微生物的一个类群。其次，说土壤是有生命的主要表现在土壤生物的活性上，即土壤酶。土壤酶主要来源于土壤微生物、植物根系的分泌物及动植物残体。土壤中的各种生物之间、土壤生物与植物根系之间时刻都发生着密切的相互联系，在我们看不见的地下进行着各种生命活动，例如在土壤酶的作用下发生的土壤物质转化过程、植物对矿质养分的吸收等过程，都是在土壤微生物和土壤酶的驱动下进行的。同时，土壤生物还影响和决定着我们看得见的地上部的现象：如植物的生长、开花时间以及植物群落的形成等。

（何文天，金梁）

土壤食物网

（图片来源：联合国粮食及农业组织）

57.土壤生物对维持土壤健康有什么作用？

土壤生物是重要的地下生物资源库。土壤生物不仅参与岩石的风化和原始土壤的形成，并且能够直接参与碳、氮和磷等元素的生物循环，腐殖质的合成与分解等，对于土壤的生长发育、土壤肥力的形成和演变起主导作用，并且对于高等植物营养的供应状况具有重要的作用，同时也是净化土壤有机污染物的主力军，在维护土壤健康、保障土壤可持续利用和调控生态安全等方面发挥着不可替代的重要作用。土壤微生物在土壤生物中分布广、数量大且种类繁多，是土壤生物中最活跃的部分。土壤微生物通过产生多糖、糖蛋白和疏水剂等化合物来影响其他重要的土壤物理属性，如团聚体的形成和水的运动，并通过产生化合物来抑制其他微生物或植物来形成植物群落结构。丰富而稳定的土壤微生物多样性最有利于保持土壤肥力、防控土传病害、害虫以及杂草有害生物，促进植物根系形成有益的共生关系，基本实现植物养分循环，最终促进农业增产和可持续生产并保障农作物产品质量。

(邹国元，何文天)

土壤生物肥力－土壤呼吸测定仪

(摄影：徐明岗)

58.为什么说蚯蚓数量能说明土壤质量？

蚯蚓对土壤质量的作用，很早以前就得到了人们的重视，亚里士多德将蚯蚓称为"土地的肠子"，达尔文称蚯蚓为"地球上最有价值的动物之一"。蚯蚓是土壤中生物量最大的无脊椎动物之一，它们在寻找食物或呼吸透气过程中不停地在土壤中穿行形成大大小小的空隙，能够有效地改善土壤结构。同时蚯蚓以土壤有机物为食物，在吞食土壤中的有机物质之后经过消化再排出体外；在消化过程中，经过体内一些特殊的酶和微生物的作用，将摄取的有机物质分解为自身能吸收利用的简单化合物之外，还能够形成腐殖质排出体外，从而使得土壤中腐殖质大大地富集起来。其排泄的粪便也是一种优质的有机肥料，呈团粒结构，具有很好的水稳定性，并含有大量对植物有效性高的矿质养分，增加土壤中有效的氮、磷、钾、钙等含量，同时能够调节碱性或酸性土壤为更适宜植物生长的中性土壤。因此，通过蚯蚓的活动能够改善土壤的团聚体结构，增加土壤中的有效养分含量，促进土壤有机残体的降解和腐殖质的形成。由于这些功能，蚯蚓被称为"土壤生态系统工程师"。由于蚯蚓的生活需要大量的有机残体和良好的通气性，因此它们通常喜欢生活在富含有机质、结构良好的土壤中。依据这一特征，我们就可以通过土壤中蚯蚓数量的多少来判断土壤质量和土壤肥沃程度。　　　　　　（何文天，金梁）

肥力高土壤蚯蚓多——肥力指示动物（云南华坪）（左）、土壤肥力高蚯蚓等生物活动旺盛（湖南华容）（右）

（摄影：徐明岗）

59.生产上如何应用菌根?

菌根是一种特殊的适应性真菌,是地球上分布最广、最古老的共生体之一。菌根的主要作用是能够扩大根系吸收面,增加对原根毛吸收范围外的水分和营养元素吸收能力(特别是磷)。随着对菌根认识不断深入,有望实现减少作物生产对磷肥的重度依赖。菌根生物技术的应用包括两个方面。第一种方法是将菌根菌种制作成接种剂或复合生物肥料。目前,这一技术已经广泛用于造林、有机农业、作物和花卉生产及病虫害防治等方面。为了达到显著的接种效果,必须满足以下3个条件:

(1)适合的宿主植物　不同的农作物对菌根的依赖性差异很大,菌根菌剂要用于对菌根依赖性强的作物上。

(2)优良的菌根真菌和菌剂　菌种要能够与宿主植物根系具有较强的亲和性,菌剂的繁殖体数量要达到标准,并且不能含有病原微生物。

(3)适宜的土壤条件　与其他微生物技术一样,菌根真菌在适宜的土壤条件下才能够发挥最大的作用。适宜土壤条件的关键指标是土壤有效磷含量不能过低也不能过高。例如对玉米而言,土壤供磷强度(Olsen-P含量)在10mg/kg左右时菌根真菌能够发挥最大的效益,从而减少磷肥用量。只有这3个条件达到最佳匹配,菌根菌剂才能发挥出最大的效果。目前常用的人工接种方法如苗床接种法和幼苗接种法,是我国使用最多的集约化的接种方法。第二种方法是充分利用土著菌根真菌。农田土壤中存在一定数量的菌根真菌,这些土著菌根真菌能够侵染作物,只不过由于大量使用化肥抑制了土著菌根真菌对作物生长的效应。通过培育菌根依赖性高的作物品种,采用轮作、间作、免耕或少耕等栽培措施增加土壤中土著菌根真菌的生物多样性和繁殖体数量就能够充分地发挥土著菌根真菌的作用,从而减少作物生产对磷肥的依赖性。　　　　　(魏丹,金梁,何文天)

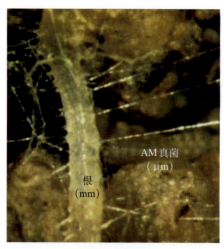

菌根共生体

图中棕褐色、较粗的结构是玉米根系，白色纤细的、呈网络状的丝状体是菌根真菌的菌丝体。从图中可以清晰看出，菌丝在土壤中分布空间远远大于根系，能够从植物根系无法到达的土壤空间中获得养分，提高养分利用效率，促进植物生长

（摄影：冯固）

60.什么是土壤生物多样性?

土壤中蕴含着世界1/4的生物多样性，生物多样性对土壤健康、土壤生产力乃至粮食安全都至关重要。土壤生物多样性是由土壤微生物所携带的遗传信息的多样性、微生物种类的多样性以及微生物－植物－土壤三者所构成的土壤生态系统的多样性三部分构成，反映了土壤中生物的多样性，是一种重要的生态资源，它提供了对自然和全球系统运作至关重要的生态系统过程。土壤生物多样性(包括细菌、真菌、原生动物、昆虫、蠕虫、其他无脊椎动物和哺乳动物等生物)由土壤有机质库支持，能够提高土壤的代谢能力，在土壤健康和生态系统功能方面发挥着关键作用。土壤微生物多样性在改善土壤结构，调节土壤水分过程，促进有机质分解，保护土壤肥力，降解有机物，抑制害虫、寄生虫和疾病，调控植物根际食物网而影响植物的生长和保持生态系统稳定等方面都发挥着积极的重要

作用。因此，保育土壤生物多样性是土壤健康和生产力持续提高的基本保障。

（何文天，金梁）

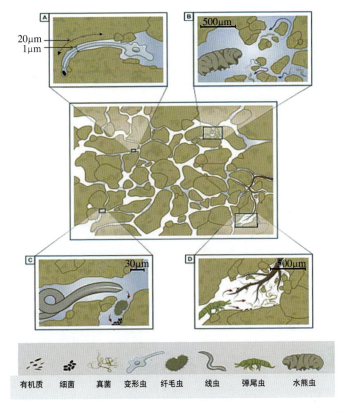

土壤生物

（引自：Amandine Erktan et al., Deconstructing the soil microbiome into reduced-complexity functional modules. Soil Biology and Biochemistry, 2020）

61.改善土壤生物多样性的具体措施有哪些？

农业生产过程中，不合理的耕作、施用农药和化肥、污水灌溉等农田管理措施对土壤结构和土壤理化性状均产生负面的影响，导致土壤侵蚀、酸化、有机质含量下降以及土壤污染等，进而造成土壤生物多样性损失和土壤生产力的降低。因此，探究最佳的农田管理措施，对于提高土壤微生物多样性和促进农业的可持续发展极为重要。研究表明，与常规的耕作方式相比，少耕或免耕等保护性耕作方式能够增加土壤中大团聚体，减少土壤团聚体的分裂和表层土壤有机质的损耗，同时能够保护菌根网络，有利于增加土壤微生物生物量和提高土壤微生物多样性。其次，减少化肥施用量，增加有机肥、绿肥（如豆科作物或豆科牧草）及微生物肥料（如根瘤菌、菌根菌、生防菌）的投入可增加土壤功能微生物的丰度和活性。此外，增加作物多样性，例如间作套种和轮作，禾本科－豆科作物间作、与豆科作物轮作，粮草间作和粮油间作等种植方式，能够增加土壤有机质含量，为微生物提供了营养物质，从而有效地提高土壤微生物的多样性。控制生活污水和工业废水等污染物的直接排放以及减少农药的施用也利于土壤微生物多样性。提高农业景观多样化，在区域范围内设计合理的道路、沟渠、农田模式，通过增加作物种类、增加沟渠杂草和防护林的种类等措施增加地上生态系统的生物多样性，进而带动地下生态系统的生物多样性。　　　（何文天，金梁）

玉米－大豆轮作农田（黑龙江）（左）、豆科高产及培肥土壤试验（辽宁）（右）

（摄影：徐明岗）

62.什么是土壤有机碳的平衡点和饱和点？

土壤有机碳是指存在于土壤中的所有有机物质中的碳，包括土壤中新鲜有机物质（未分解的生物残体）、土壤微生物、微生物代谢产物和腐殖质，是由初级生产者、分解者和矿物质相互作用的结果。在一定的生态系统中，有机碳的积累水平依赖于输入与输出的平衡，即土壤中有机质的矿化与腐殖化的平衡。在一个长期稳定的生态系统中，土壤有机碳的输入量与分解量一旦达到平衡，有机碳积累就处于一个与土壤和生态环境条件相适应的动态稳定水平，即平衡点。达到平衡的时间对于不同类型的土壤有所不同，因此预测土壤有机碳含量变化后达到新的平衡点的时间，对于调控土壤生态系统转向持续发展的方向具有重要的意义。而由农业管理措施改变引起的系统养分投入变化，会直接导致土壤有机碳的变化，直至达到新的平衡。当农业管理措施改变导致的新增加的系统投入将不再增加土壤有机碳库时，土壤有机碳达到饱和点。　　　　　（金梁，何文天）

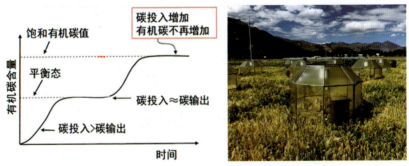

土壤固碳存在理论最大值（左）、农田生态监测（温室气体减排试验）（右）

（绘图：邱佳颖；摄影：徐明岗）

63.如何理解农田土壤的固碳潜力？

农田土壤固碳潜力是区域或国家农业土壤的整体固碳能力，受人类活动、土壤特性和自然环境的共同影响。通过适当的农田管理，土壤具有从大气中吸收碳的潜力。根据全球对历史碳储量的估计和对碳排放上升的预测，土壤作为碳汇和减排的解决方案至关重要。出于不同的研究目的，对"固碳潜力"的理解与表达不尽相同。有将最优农业管理措施下（如少/免耕、有机肥施用、灌溉、有机农业等）土壤的最大固碳量作为固碳潜力；有将自然植被下的土壤有机碳含量作为农业土壤固碳潜力；有从土壤属性本身的保护机制出发，把土壤固碳的理论最大量称为固碳潜力；有综合考虑气候和农业管理的交互作用，将未来气候变化条件下土壤的固碳空间视为固碳潜力；有将当前有机碳含量与历史最大固碳量的差值作为固碳潜力。

（金梁，何文天）

绿肥改土培肥丰产示范（江西进贤）(左)、玉米秸秆粉碎覆盖还田下大豆播种（右）
（摄影：徐明岗、孙钦平）

64.我国农田土壤固碳前景如何？

对于自然条件较为复杂和技术管理水平较低的发展中国家而言，土壤固碳会带来明显挑战。就我国而言，一方面碳的排放量大，另一方面固碳难。据估算，我国1m深土体有机碳库需要增碳2.9%才能抵消能源排放，而这样的增碳速度远超当前技术水平。良好的农田管理措施可显著增加土壤有机碳储量，如果能尽可能地推行良好的农田管理，我国农田固碳潜力可达每年平均3 000万～5 000万t碳当量，但这距离"千分之四全球土壤增碳计划"的目标仍有差距，且具有较大的不确定性。当前，我国在固碳行动方面已经实施了多项国家级项目和规划，如测土配方施肥项目、土壤有机质提升补贴项目、保护性耕作工程建设规划、全国高标准农田建设总体规划等，这些实际行动将大大提高我国土壤固碳水平。　　　　　（何文天，金梁）

测土配方施肥示范－绿肥示范（湖南华容）（左）、培肥改土高标准农田（河南原阳）（右）
（摄影：徐明岗）

65.土壤是如何向作物提供氮素营养的?

　　土壤中能够被植物吸收利用的氮素主要有三个来源：一是通过具有固氮能力的微生物进行生物固定而来，二是由雨水和灌溉带入的大气及水体中的氮，三是施用的有机肥料和化肥。我国已经成为世界上最大的氮肥生产国和消费国，施肥是目前我国土壤中氮素的主要来源。土壤中氮素的主要形态是无机态和有机态两大类。其中无机态氮主要是铵态氮（NH_4^+）和硝态氮（NO_3^-），这些氮溶解在土壤水中或者被吸附在土壤颗粒上，可以直接被作物根系吸收，是有效态养分。有机态氮是土壤中氮素的主要存在形式，一般占土壤全氮量的95%以上，这些氮素必须经过微生物的矿化作用，转化为无机态氮（NH_4^+和NO_3^-）才能被植物吸收利用。如果说无机态氮是"盛在碗里的饭"，那么有机态氮则如同"缸里的米"，需要经过微生物转化成无机态氮，也就是"矿化"后才能被植物吸收利用。

（邹国元，陈延华）

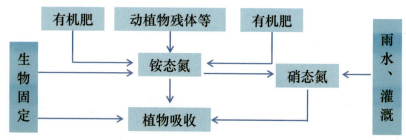

土壤中植物能够直接吸收的主要氮素类型及其来源

（绘图：李玲）

66.施入土壤的氮肥都去哪儿了？

施入土壤中的氮肥包括无机态（NH_4^+和NO_3^-）和有机态（尿素和各类有机肥）两大类，这些氮素进入土壤后的去向主要有三个，可概括为"上天的、入地的和固定的"。

对于无机态的氮素来讲，"上天的"是指转化为气态进入大气中的氮，铵态氮肥可以转化为氨（NH_3）挥发，硝态氮肥可以在微生物作用下，使NO_3^-反硝化变成气态氮气（N_2）和氮氧化合物如一氧化氮（NO）和一氧化二氮（N_2O），从而进入大气。"入地的"是指那些容易淋溶、不易被土壤吸附的氮，比如NO_3^-和尿素。这主要是由于土壤胶体带负电，则不容易吸附带负电的NO_3^-，而尿素是不带电的有机小分子，也不容易被土壤吸附。因此NO_3^-和尿素施入土壤后，如果灌溉过量，非常容易导致NO_3^-和尿素随水进入土壤深层，最终进入地下水。可见，施肥后浇水要有限制，不能让土壤"喝得太饱"。"固定的"则是被吸收利用的氮，可以分为化学固定（土壤吸持固定）和生物固定（被土壤微生物、植物吸收利用以及转化为土壤有机质）两种类型。

那么有机态氮肥呢？对于尿素来讲，除了上面讲到的可能被淋溶外，大部分会在脲酶作用下转化为铵态氮，还有一部分转化为土壤有机质。而大部分有机肥中的有机态氮则会经微生物矿化变成无机氮或者转化为土壤有机质。　　　　　　（杜连凤，金梁，何文天）

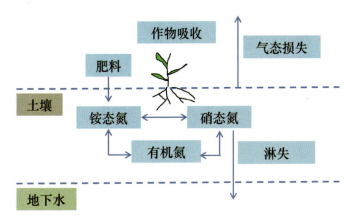

施入土壤中的氮肥的主要去向

（绘图：李玲）

67.土壤中的磷作物都能够吸收利用吗？

我国土壤表土层全磷（P）含量在 0.2 ～ 1.1g/kg。一般来讲，有机质含量高、质地黏重和熟化程度高的土壤全磷含量相对较高。我国土壤全磷含量由南到北、从东到西（西北）逐渐增加。作物可以直接吸收利用的有效磷主要是水溶性和弱酸溶性的正磷酸盐，仅占土壤全磷含量的 1% 左右。

土壤中有机态磷占全磷含量的 10% ～ 50%，它们需要转化为无机态正磷酸盐才能被植物吸收。但这部分矿化的磷在作物磷素供应上一般不起主要作用。无机态磷占全磷量的 50% ～ 90%，是土壤中磷的主要存在形态。但是无机态磷绝大部分是稳定的矿物态磷，或者被氢氧化铁、氢氧化铁胶膜包被而成的闭蓄态磷，这些磷通常只能被强酸溶解，很难被作物直接吸收。南方酸性土壤中的矿物态磷主要是闭蓄态磷和磷酸铁铝类（Al-P、Fe-P），它们常以粉红磷铁矿和磷铝石的形式存在；北方强碱性土壤中有各种形态的磷酸钙类（Ca-P），包括原生的磷酸钙盐矿物（如羟基磷灰石、氟磷灰石等）、次生磷酸二钙、磷酸八钙等；中性土壤中各种类型的磷酸盐均有一定比例。这些磷酸盐在特定条件下可以互相转化，其有效性受pH影响较大，pH6～7有效性最高。可见，大部分情况下土壤中不是没有磷，而是这些磷的有效性差，很难被植物吸收利用。　　　　　（邹国元，陈延华）

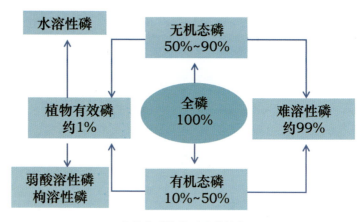

土壤中磷的类型及其转化

（绘图：李玲）

68.施入土壤的磷肥都去哪儿了？

施入土壤的磷主要是化学磷肥和有机磷肥两大类。常见的化学磷肥包括水溶性磷肥、弱酸溶性磷肥和难溶性磷肥三种类型。它们的有效成分通常是能够被植物吸收利用的水溶性磷或弱酸溶性磷。化学磷肥进入土壤后绝大部分均参与固定过程。其中，化学固定是最主要的过程。在酸性土壤中主要表现为磷酸根离子与铁、铝、锰等离子结合最终形成结晶态沉淀，而在中性或碱性土壤中则表现为与钙镁离子形成沉淀最终转化为磷灰石。已有的研究显示，水溶性的过磷酸钙进入土壤后的移动距离不超过3cm，大部分集中在施肥点附近0.5cm范围，表明磷肥进入土壤后的化学固定极易发生，大部分的磷肥均被化学固定。另一个过程是生物固定。生物固定是指直接被微生物或者作物吸收利用，这部分磷暂时储存在生物体内或者转化为土壤有机质。由于磷的移动性差，大部分集中在土壤表层，因此除被固定外，还有一部分磷会随地表径流、土壤侵蚀进入水体。

有机肥中有机磷进入土壤后有三个主要去向：一是被微生物分解转化为土壤有机质暂时固定储存起来；二是被微生物矿化转化为有效态养分被植物吸收利用；三是在过量灌溉时，其中的许多小分子有机态磷会淋溶进入地下水，或者随雨水径流进入地表水。　　（邹国元，陈延华）

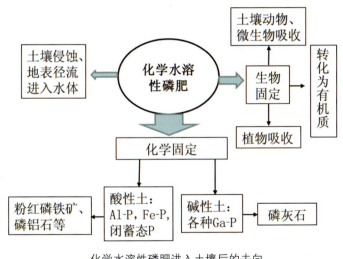

化学水溶性磷肥进入土壤后的去向

（绘图：孔凡美）

69.为什么说农田氮、磷流失对水质变坏负重要责任？

施肥能够有效提高农产品产量和品质，保证了我国对农产品产量和质量的基本需求，但是长期以来不合理施肥也带来了诸多环境问题。水体富营养化是水体水质恶化的重要体现，而氮、磷是引起

水体富营养化的关键元素。2010年2月环境保护部发布的《第一次全国污染源普查公报》表明，农业源已经成为目前总氮和总磷排放的主要来源，其排放量分别为270万t和28万t，占排放总量（含农业、工业和生活源）的57%和67%，目前农业面源污染排放总量仍呈上升趋势。据统计，我国水体富营养化的进程与肥料的施用量同步发展，农田氮、磷的流失已成为大家公认的水体污染的重要原因。

中国是目前世界上最大的氮肥生产国和消费国，氮肥的投入量已超过作物最高产量需求量，氮肥的当季利用率仅为30%左右，农田土壤氮素呈现盈余且逐年增加。有资料表明，全世界施用于土壤的肥料有30%～50%经淋溶进入了地下水，氮肥对硝酸盐淋溶的影响不是恒定的，而是随施氮量的增加而增加。据统计，2018年我国磷肥施用量达729万t，磷肥的当季利用率仅有10%～25%。1981—2000年，我国农田磷含量以11%的速度增长，2006年，我国土壤平均P_{Ols}含量相比1986年增长了近3倍，已超过我国大多数作物生长需磷量的临界值（20mg/kg）。许多土壤磷素也处于盈余状态。由于植物无法吸收，这些盈余的氮、磷会在土壤中进行一系列的迁移和转化过程，通过地表径流、侵蚀、淋溶（渗漏或亚表层径流）和农田排水进入地表和地下水，成为地下水、河流和湖泊水质变坏的重要推手。

（金梁，何文天）

农业面源污染导致水体富营养化（祁阳农村水塘）（左）、公路边水质变差景象（右）
（摄影：徐明岗、张成军）

70.土壤是如何向作物提供钾素营养的？

我国土壤全钾（K_2O）含量为0.5 ~ 25.05g/kg，大体呈南低北高、东低西高的趋势。土壤中的钾主要有四种类型：一是矿物态钾，主要存在于各种土壤原生矿物和次生矿物中，这部分钾占全钾量的90% ~ 98%，这些钾需要经过极为缓慢的风化过程才能转化为植物能够吸收的钾。二是非代换态钾，它们被固定在层状铝硅酸盐矿物层间和易风化的含钾矿物晶格内，这部分钾占土壤全钾的1% ~ 10%，是土壤持续种植作物条件下的钾的主要来源。三是交换性钾，即吸附在土壤胶体上的钾，是当季作物能够吸收利用的主要钾素形态。四是水溶性钾，存在于土壤溶液中，浓度在0.2 ~ 10mol/L范围内，只占植物生长利用所需量的很小一部分。　　　（金梁，何文天）

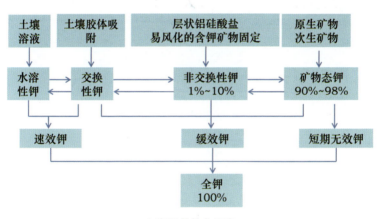

土壤钾的转化示意

（绘图：李玲）

71.为什么很多土壤需要施用钾肥？

土壤是否需要施用钾肥，要根据土壤钾素供应情况及作物的需求情况判断。许多土壤严重缺钾，例如南方的强淋溶土壤（如红壤和砖红壤），其中的有效钾大部分被淋溶，而矿物钾短期内无法补充。由于土壤钾素主要存在于黏粒中，因此沙质土壤含钾量低于黏重土壤。所以，缺钾土壤、沙质土壤以及作物需钾量大（喜钾作物如甘薯、马铃薯、烟草等）、作物吸钾能力差及秸秆不还田的土壤都应该重视钾肥的施用。另外，在一些高产土壤上，由于土壤中钾的释放需要一定时间过程，为保证土壤有效态钾持续供给及作物高产，在作物生长过程中需要施用钾肥。　　　　　（金梁，何文天）

合理施用钾肥（山西）

（摄影：徐明岗）

72.施用微量营养元素肥料需要考虑哪些因素？

　　土壤和作物体内含量低于0.01%的元素称为微量元素，尽管这些微量元素含量低，但都是植物生长必需的营养元素，包括铁、锰、锌、铜、硼、钼、氯和镍共8种。土壤是否需要施用微量营养元素肥料主要取决于土壤微量营养元素的含量及作物的需求两方面。

　　土壤中的微量元素主要来自岩石和矿物，由不同成土母质发育的土壤，其微量营养元素的种类和数量均不相同。通常情况下，我国东部特别是东南部主要缺硼，北方石灰性土壤（如水稻土）及南方水稻土（如石灰性、中性水稻土及沼泽土、盐土等）多缺锌，北方黄土母质和黄河冲积物发育的石灰性土壤，尤其是质地较轻的土壤多缺锰；南方红壤区的大部分酸性土壤多缺钼；北方干旱、半干旱地区的石灰性土壤易缺铁；南方长期渍水的水稻土和北方的沼泽土、泥炭土易缺铜。此外，由于有机肥、磷肥及其他大量或者中量元素肥料均含有不同类型及数量的微量营养元素，长期不合理的施肥习惯也会直接影响土壤中微量营养元素的含量，导致微量元素缺乏或者过量。

不同作物对微量元素的需求量及敏感程度差异很大，例如油菜对缺硼敏感，甘蓝及豆科作物对缺钼敏感，燕麦对缺锰敏感，玉米对缺铜、缺锌和缺铁均较为敏感，豆科作物对铁需求量较高。因此，作物类型也是决定土壤是否需要施用微量营养元素肥料的重要参考因素。

（魏丹，张成军）

施用微肥提质增效（山西）
（照片由徐明岗提供）

73.施用中量营养元素需要考虑哪些因素？

土壤中的中量元素有钙（Ca）、镁（Mg）和硫（S）。这些元素主要存在于各种矿物和有机质中。农业生产上经常施用的改土剂如

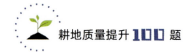

石膏、石灰、硫黄等均能够提供一定量的中量营养元素。随着高浓度及高纯度化肥如尿素、磷酸二铵以及氮磷钾复合肥等的大量施用以及有机肥料施用量的逐步下降，作物Ca、Mg、S的缺素现象逐渐增多。

一般来讲，凡是含有Ca、Mg、S的肥料均可以补充中量营养元素。常见的钙肥有石灰[CaO、Ca(OH)$_2$、CaCO$_3$]、石膏（CaSO$_4$）以及氯化钙（CaCl$_2 \cdot$2H$_2$O），其中石灰主要用在酸性土上，用量可根据土壤酸度而定，旱地常用作基肥，水田可作追肥。石膏主要用于改良盐碱土，一般用作基肥撒施，而氯化钙是水溶性肥料，一般用作追肥。常见的镁肥有硫酸镁、氯化镁、硝酸镁、钙镁肥等，均为水溶性肥料，常与其他肥料配合施用，可作基肥或者追肥。含硫的化学肥料类型较多，如硫酸钾、硫酸铵、硫酸镁、硫酸钙、硫酸亚铁等，有机肥中也含有一定量的硫。一般来讲，施用硫基大量元素肥料和有机肥可不必考虑单独施用硫肥。同时施用硫肥还应充分考虑土壤特性、作物种类以及肥料性质，采用基肥和追肥配合的方法。 （何文天，金梁）

含中量元素硫的复合肥

（摄影：徐明岗）

74.森林土壤开垦为农田的后果是什么？

　　森林土壤开垦为农田，实质就是把地表的森林植被连同根系移走。由于林木本身含有大量的有机质，因此，森林开垦为农田最直接的变化就是失去了土壤有机质的来源，导致开垦后的农田土壤有机质含量逐渐降低。另外，农田土壤的经营，主要采取收获的方式，这也是土壤有机质不断减少的原因。一般情况下，森林土壤被开垦的年限越长，土壤有机质损失越多。此外，森林开垦为农田后，由于施肥和耕作等农田管理措施的影响，可能改变森林植物群落结构、土壤微生物区系、土壤酶活性、土壤水热状况和土壤理化性质，进而导致土壤生态退化。因此，森林开垦为农田，应采取多施有机肥的方式，以培育农田土壤的肥力。从保护生态环境的角度出发，应减少开垦森林土壤的概率。同时在开垦森林地为农田时，还需针对不同的土壤立地条件及其养分特征进行合理的开发利用。　　　　（金梁，何文天）

森林开垦为农田导致土壤肥力下降

（摄影：徐明岗）

75.草原土壤开垦为农田的后果是什么？

　　人类为满足各种需求对草原土壤进行无序开垦，造成草原植被破坏、地表侵蚀沙化，在风力作用下逐步形成流动沙丘或腐殖质层消失，钙积层裸露，影响区域生态环境，导致干旱加重、径流减少、河流断流、湖泊干涸、草地生态功能下降。草原土壤一般肥力低下，土质十分疏松，且很多草原沙化、盐渍化、石漠化严重。水、热和土肥条件更适宜草本植物生长，而难以长期满足农作物的生长，开垦种粮产量极低，而且需要大量的投入，难以得到合理回报，最终往往导致撂荒，使得地表抗蚀性大大减弱，造成土地退化，基本自然资源和生态系统遭到严重破坏。此外，严重退化的草原地区土壤裸露，直接加速了沙尘暴的形成和发育。 （金梁，何文天）

暗栗钙土大针茅草原（左）、开垦后被迫撂荒的栗钙土（右）

（摄影：红梅）

76.田间杂草一定要全部去除吗？

杂草作为农田生态系统的重要组成部分，是长期适应气候、土壤等因素及作物长期竞争的结果。为了提高作物产量，人们一直努力将杂草从农业生态系统中清除出去，但越来越多的研究认为，杂草生物多样性对于促进土壤养分循环，维持土壤动物、微生物，减少土壤流失、酸化，维持正常生态功能具有重要作用。特别是，冬春季节田间杂草保持一定的生物多样性不仅可为害虫的天敌提供栖息之所，还有利于土壤速效养分的转化和保持。因此，为了生态系统的稳定，田间杂草并不一定要全部清除。　　　　（金梁，何文天）

田间杂草（生物）多样性观测（福建闽侯）（左上）、冬闲稻田杂草多样性（重庆）（右上）、江西冬闲稻田杂草多样性（江西南昌）（左下）、杂草的定位试验（湖南祁阳）（右下）

（摄影：徐明岗、李玲）

77.微生物肥料对恢复和维持土壤肥力有何作用？

微生物肥料是指一类含有活微生物的特定制品，应用于农业生产中，能为作物生长提供养分，或者改善作物利用养分和促进作物生长，在这些效应的产生中，制品中活微生物起关键作用，符合上述定义的制品均归入微生物肥料。其作用原理是利用微生物的生命活动来增加土壤中的氮素或有效磷、钾的含量，或将土壤中一些作物不能直接利用的物质，转换成可被吸收利用的营养物质，或产生促进作物生长的刺激物质，或抑制植物病原菌的活动。从而改善土壤结构，提高土壤肥力，改善作物的营养条件，增强植物的抗病虫害能力和抗病性，提高作物产量和品质。同时施用微生物肥料由于能够提高土壤的养分含量，合理的微生物肥料和化肥配施，不仅能够减少化肥的施用量，同时能够提高肥料利用率。　（张成军，金梁）

堆腐生物有机肥工厂（左）、生物有机肥成品（右）

（摄影：徐明岗）

78.如何理解化肥施用与土壤质量的关系？

土壤质量是土壤在生态系统界面内维持生产，保障环境质量，促进动物和人类健康行为的能力。美国土壤学会（1995）把土壤质量定义为：在自然或管理的生态系统边界内，土壤具有动植物生产持续性，保持和提高水、空气质量以及支撑人类健康与生活的能力。因此，土壤质量是土壤提供植物养分和生产生物物质的土壤肥力质量，容纳、吸收、净化污染物的土壤环境质量，以及维护保障人类和动植物健康的土壤健康质量的综合量度。

　　化肥用以供给作物生长发育所需的营养成分，肥效快，对提高作物产量具有重要作用，特别是因养分缺乏造成的低产田，施用化肥的增产效果更为明显。但长期单一施用化肥，破坏了土壤结构的稳定性，容重增加，孔隙度降低，土壤水稳性结构破坏率提高，土壤微团聚体分散系数上升，从而使耕层土壤板结、土体黏韧板滑，这不仅影响作物根系的生长，同时也改变水、气、热环境，牵制肥料－土壤－作物养分系统的平衡。研究表明，化肥和有机肥的合理配施不仅能够减少化肥用量，提高肥料利用率，同时能够提高土壤微生物活性和多样性，有利于改善土壤结构、提高土壤肥力、防控土传病害、促进农业增产并保障产品质量。　　　　（何文天，金梁）

红壤肥力和肥料效益监测长期定位试验（湖南祁阳）

（摄影：李玲）

第四部分

土壤环境功能与环境质量提升

79.常见的"土壤病"有哪些？

健康的土壤是人类赖以生存的基础。在耕地上种庄稼，一个好的措施，对作物和其生长的土壤都好，就会事半功倍；如果某些措施对作物有利，对土壤有害，不仅它在作物上的作用有限，还会影响土壤健康，使土壤出现"亚健康""病态"，甚至死亡。耕地土壤一旦有病，作物就如无本之木、无源之水，不能正常生长，对它施加的生产措施的作用和效果也会大打折扣，不仅难以获得高产，还会降低土壤的使用寿命，对人类的生存产生巨大危害。

农田常见的十大土壤病可概括为：耕作层变浅；土壤结构破坏、板结严重；土壤有机质含量降低；土壤氮、磷、钾元素营养比例失调；土壤趋于酸化；土壤次生盐碱化；农田土壤污染；土壤植物系统病如重茬病、连作障碍、再植障碍等；土壤侵蚀；设施农业土壤综合障碍病。土壤一旦出现"生病"恶化状况后，必须要采取合理的措施进行"医治"。"保健耕作、保健施肥、保健灌水、保健轮作"，恢复或重建健康的土壤-植物系统，提高土壤-植物系统的抗逆能力和生产能力，可以有效防治耕地土壤病。土壤修复是解决土壤病的重要手段，因此大力实施土壤修复势在必行。

（金梁，何文天）

连作障碍土壤（河北）（左）、设施番茄土壤盐渍化（右）

（摄影：徐明岗、金梁）

80.土壤障碍因子及其类型有哪些？

一般来说，土壤障碍因子指的是土壤剖面中妨碍植物正常生长发育的性质或形态特征，这些性质或形态特征可能是某类土壤或某区域土壤共有的特征，也可能是由气候条件、成土母质，或者是由人为耕作活动所引起，如施肥、灌水、连作、设施栽培等。土壤障碍因子的存在，是导致作物生长不良、产量较正常土壤低30%以上甚至绝收等的重要原因。土壤障碍因子类型主要包括养分匮乏或非均衡化、有机质贫乏、土壤酸化及酸性过强、土壤盐渍（碱）化、沙化及沙性过强、土壤黏化、潜育化、表土流失、干旱、积水、漏肥及连作障碍等。改良土壤障碍因子、提高土壤生产力，成为近年土壤学研究的重点和热点问题之一。

（金梁，何文天）

农田土壤障碍因子形成原因

（绘图：金梁、魏丹）

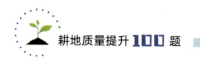

81.什么是土壤退化？施肥会导致土壤退化吗？

土壤退化是指在各种自然因素，特别是人为因素影响下，导致土壤的生产能力、土地利用和环境调控潜力下降（包括暂时性的和永久性的）甚至完全丧失的物理、化学或生物学过程，也是土壤数量减少和质量降低的过程。土壤退化的主要类型有土壤侵蚀、土壤荒漠化、土壤盐碱化、土壤贫瘠化、土壤潜育化和土壤污染。通常，土壤退化主要表现为有机质含量下降、营养元素减少、土壤结构破坏、土壤侵蚀、表土层变浅或易板结，以及土壤盐渍化、酸化、沙化等。长期不合理施用化肥可导致土壤退化，具体表现为pH降低，土壤酸度过大会造成土壤板结、通透性差、含氧量低，同时易使保护地NO_3^-大量剩余与迅速累积，加速土壤盐分积累和次生盐渍化。而施用有机肥能有效防治土壤酸化，有机肥对土壤酸化的减缓作用可解释为有机官能团强化了对H^+和Al^{3+}的吸附，通过吸附和络合等过程使土壤溶液中游离的H^+和Al^{3+}与有机胶体结合，从而降低了土壤溶液中H^+和Al^{3+}的浓度；有机肥自身的碱度对土壤酸度具有中和缓冲作用，不同种类的有机肥碱度范围为58.1～372.8cmol/kg，碳酸钙当量为29.0～186.4g/kg，有机肥的碱度主要取决于有机酸盐的当量浓度，施用碱度较高的有机肥可有效控制农田土壤酸化。

（金梁，何文天）

盐碱地土壤剖面（吉林白城）（左）、盐碱地景观（山东滨州）（右）

（摄影：徐明岗、李玲）

82.土壤酸化是如何形成的？有哪些主要不利影响？

土壤酸化是指土壤的pH降低、盐基饱和度减小的过程。酸化形成有多种途径，酸沉降加速土壤酸化，大量酸性物质输入土壤使土壤接受更多质子，不可避免酸化；空气中的二氧化碳溶解于水产生碳酸、大气酸沉降等，也可引起土壤酸化；植物吸收养分的同时向土壤分泌质子，可能引起土壤酸化；植物代谢产生二氧化碳、可溶性有机酸、酸性有机残余物等，解离出质子与盐基交换，使盐基从表层淋洗掉，亦可引起土壤酸化；酸雨中的阴离子加速盐基离子的淋失；输入的氮、硫被氧化并与土壤有机质作用，产生更多有机酸，形成次生酸化。土壤酸化会给粮食生产带来不利影响：

（1）造成作物缺素　酸化的土壤中氢离子超标，酸化土壤中大量锰离子、铝离子进入作物体内，排斥其他离子元素的吸收，造成作物缺铁、缺钙、缺镁及影响多种营养元素的吸收造成果实产量下降等。

（2）增加作物病虫害　地下害虫生存环境与土壤pH密切相关（如竹蝗、线虫等），线虫的暴发流行和土壤的酸化有着直接关系。

（3）影响了土壤微生物的生存繁殖　土壤微生物一般最适宜pH为6.5～7.5的中性范围，过酸或过碱都会严重抑制土壤微生物的生存空间，从而影响氮素及其他养分的转化和供应，并增加作物根部病害的发病率。

（金梁，何文天）

长期施用化学氮肥红壤酸化成为不毛之地（祁阳）

（摄影：徐明岗、李玲）

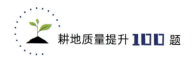
83.防治土壤酸化的技术措施有哪些？

一般来说，防治土壤酸化技术措施主要从三个方面来进行：采取源头控制、酸性土壤改良剂开发应用、农业管理措施优化等。源头控制主要包括生理酸性化肥施用的控制和酸性沉降物的控制等，前者主要是在施肥等农艺措施上采取相应的措施来控制，而后者则需要多部门、多学科配合来控制。酸性土壤改良剂主要包括石灰、碱性矿物和工业废弃物、有机改良剂等，这些改良剂能够中和土壤中的氢离子，使其中释放的氢离子逐渐被中和从而控制土壤的酸化，例如石灰在南方地区最为常见，主要用来改良和防治土壤酸化；农业管理措施的优化主要包括耐酸作物的筛选和定向培育、选择生理碱性肥料、合理安排化学氮肥的施用时间和施用方式、合理的水肥管理和耕作模式等。

（金梁，何文天）

石灰改良酸性红壤（上图石埂左为施用石灰处理；石埂右为未施石灰处理）（湖南祁阳）、红壤旱地有机培肥改酸长期试验（江西进贤）（左下）、施用石灰改良酸性（湖南长沙）（右下）

（摄影：徐明岗）

84.什么是土壤贫瘠化？如何防治土壤贫瘠化？

作为土壤退化的一种重要类型，土壤贫瘠化是土壤环境以及土壤物理、化学和生物学性质劣化的综合表征，即是土壤本身各种属性或生态环境因子不能相互协调相互促进的结果，也是脆弱的生态环境的重要表现。土壤贫瘠化可表现为：土壤有机质含量下降、土壤营养元素亏缺和非均衡化、土壤结构破坏、土壤侵蚀、表土层变薄、土壤板结、土壤酸化及碱化和沙化等。针对土壤养分贫瘠化，人类对土壤养分元素的补充要充分弥补土壤向农作物提供的养分损失，防止土壤向贫瘠化方向发展。土壤贫瘠化的防治主要是针对导致土壤贫瘠化的因子采取相应的物理、化学或生物学措施，改善土壤理化性状，提高土壤肥力和保水保肥能力，恢复土壤的健康循环过程。土壤结构不良可以通过施用有机肥、施用土壤改良剂、种植绿肥、增加地表覆盖以及秸秆还田等方式来改善土壤结构，增强土壤的保水保肥能力，防止土壤侵蚀、土层变薄和土壤沙化；土壤的酸化和碱化可以通过施入土壤调理剂、筛选耐酸或耐碱的植物、实行合适的轮作制度和施肥制度等措施来改善。　　　（邹国元，金梁，何文天）

低产红壤旱地改良试验（湖南祁阳）

（摄影：李玲）

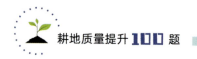
85.什么是土壤养分非均衡化？如何防治土壤养分非均衡化？

作为土壤养分退化的一种重要表现形式，土壤养分非均衡化主要归纳为某些营养元素如氮、磷等在土壤中（特别是表层）的过度富集，或某些营养元素如钾、中微量元素等的过度缺乏等，从而引起土壤养分不平衡，即非均衡化。长期不平衡施肥或长期高强度连作，由于作物对养分的吸收比例与土壤中含量的差别，被作物所吸收的那部分养分得不到有效补充，土壤中的相应养分被逐渐消耗，最终导致土壤养分的非均衡化。保持土壤养分平衡、防治土壤养分非均衡化的关键在于实施科学的平衡施肥制度和合理的耕作管理措施。从平衡施肥角度来看，采用测土配方施肥技术，因土施肥、平衡施肥、化肥和有机肥配合施用，可以有效促进土壤养分的平衡，防止土壤养分的非均衡化。在作物种植制度角度来看，采用轮作倒茬以及复种绿肥的方式，可以补充作物从土壤中带走的养分，并防止一种或几种养分的过度消耗而导致非均衡化。同时，为防治土壤养分非均衡化，应建立土壤养分非均衡化的诊断方法及指标体系，根据诊断方法对土壤养分状况进行诊断，依据诊断结果，找出土壤养分非均衡化的限制因子，提出均衡调控的技术模式。

（魏丹，金梁，何文天）

磷肥减施增效试验示范（湖南祁阳）（左）、红壤施用有机肥改土培肥（江西）（右）

（摄影：徐明岗）

86.如何改良盐碱土？

（1）化学改良 化学改良盐碱地的方法主要是指向土壤中加入化学改良剂（包括石膏、磷石膏、脱硫石膏、硫黄、腐殖酸、糠醛渣等物质），以达到降低土壤pH、碱化度以及改善土壤结构的目的。

（2）物理改良 深耕或深翻是盐渍土改良中常用的栽培耕作措施。深耕可以降低土壤容重，改善土壤通透性。深翻可以粉碎心土层，提高土壤导水性能。秋翻春泡效果好，可抑制土壤深层的盐分上返。平整土地对改良盐碱地极为重要，整地可使表土水分蒸发一致，均匀下渗，便于控制灌溉定额，同时防止高处聚盐和低洼积盐。铺沙压碱是改良盐碱地的一种主要手段，盐碱地掺沙后，促进了团粒结构的形成，通透性增强，在雨水的作用下，盐分从表层土淋溶到深层土中，此外还可减少土壤水分的蒸发，使表土层的碱化度降低。

（3）生物改良 生物改良主要是解决盐碱土地贫瘠及土壤肥力差的问题。因此在改造过程中，通过种植水田，种植耐盐碱作物，增加土壤有机质含量，是改善盐碱的重要措施。深层秸秆结合表层秸秆覆盖可以抑制盐分在土壤表聚，减轻土壤盐分对作物生长的胁迫，保证作物正常生长。

（4）水利工程改良 水利工程改良根据"水盐运动"规律，通过地下渗管排盐，结合沟渠，深井排水，达到防止返盐的目的。

（魏丹，张成军，金梁）

盐碱土景观（河北唐山）（左）、排水和种植耐盐植物改良盐碱土（河北唐山）（右）

（摄影：徐明岗）

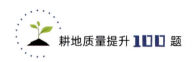

87.如何防治土壤次生盐渍化？

土壤次生盐渍化是由于不合理的耕作灌溉而引起的，土壤次生盐渍化的防治措施主要包括四个方面：

（1）控制灌区多引和超引水，提高水资源的有效利用；进行渠道防渗，减少输水损失；加强灌溉管理，计划节约用水；提高灌溉技术，降低灌溉定额，以达到减少对灌区地下水的补给。

（2）加强灌区排水，把地下水位控制在临界深度以下，根据不同地段的情况采用明排、竖排、暗排、扬排及干排，对明渠排水要加强管理，及时清淤，保证排水畅通。

（3）大力植树造林，增加灌区林木覆盖，降低风速，减少蒸发，增加空气湿度，改善农田小气候，发挥生物排水作用。

（4）种植苜蓿、绿肥等作物，并发展间套作，提高复种指数，增加地面覆盖，减少蒸发返盐；推行秸秆还田，增加土壤有机质含量。

（金梁，何文天）

盐碱荒地景观（吉林白城）（左）、盐碱地改良示范田（吉林白城）（右）

（摄影：徐明岗）

88.如何防治沙化？

沙化是指土地因受风沙侵袭或水土流失等原因含沙量增加而导致环境退化的现象。土地沙化的原因，主要是由于过渡放牧、农田开垦和水资源的无序利用等人为原因造成大面积植被破坏，地表因失水而变得干燥，土壤黏性降低使得土粒容易分散。同时，地面裸露使土壤容易直接被水力侵蚀，从而导致细颗粒物质被带走，土地逐渐沙化。土壤沙化的防治重在防。防治重点应放在农牧交错带和农林草交错带，在技术措施上要因地制宜，具体可从5个途径进行治理：

（1）合理开发水资源　合理规划，积极调控河流上、中、下游流量，避免使下游干涸，避免下游地区的土壤沙化。

（2）实施生态工程　生物措施与工程措施相结合，实行因地制宜的生态工程。

（3）营造防沙林带　种植防沙林有助于土壤涵养水源，降低风速，防止土壤中细颗粒流失。

（4）控制农垦　应合理规划，控制农垦，草原地区应控制载畜量。草原地区原则上不宜农垦，旱粮生产应因地制宜控制在沙化威胁小的地区，同时减少放牧量，实行牧草与农作物轮作，培育土壤肥力。

（5）完善法制，严格控制破坏草地　在草原、土壤沙化地区，工矿、道路以及其他开发工程建设必须进行环境影响评价。对人为盲目垦地种粮、破坏土地资源等活动要依法从严控制。　　（金梁，何文天）

沙化及其治理措施（摄于沙波头）（左）、沙化土地景观（辽宁）（右）

（摄影：徐明岗）

89.植物篱的形式和作用分别有哪些？

植物篱（活篱笆），是指由木本植物或一些茎干坚挺、直立的草本植物组成的较窄的植物带（行），其根部或接近根部处互相靠近，形成一个连续体。植物篱常由常绿多年生固氮植物组成，许多固氮植物嫩枝叶含有丰富的粗蛋白，是优良的牲畜饲料，可以通过发展养殖业提高农民经济收入，促进山区产业结构的转变。植物篱是一种传统的水土保持措施，具有分散地表径流、降低流速、增加入渗和拦截泥沙等多种功能，生态效益、经济效益均显著；对于水土流失严重的山丘区来讲，植物篱不仅可以控制水土流失，而且可以增加产品产量，围栏养畜，美化环境，一举多得。土地生产力方面，植物篱能改善退化土地和坡耕地的生产力，增加土壤有机质，提高农作物产量。此外，植物篱还可提供薪柴，可以缓解居民的生活能源问题，有利于保护植被。植物篱还可用于果园、桑园及建立饲料林等，在水土保持的同时减少化肥、农药和除草剂的使用。 　　　　　　　　（邹国元，金梁）

植物篱防治水土流失（湖南祁阳红壤丘陵区）（左）、北方梯田及植物篱保持水土技术（山西）（右）

（摄影：徐明岗）

90.蓄水沟的形式和作用分别有哪些？

蓄水沟指的是以分散拦蓄林地、荒坡、耕地等坡面地表径流为主要目的，沿等高线方向所修筑的蓄水沟埂叫蓄水沟或水平沟、截水沟。蓄水沟一般设计为梯形断面形式，在山坡上沿等高线顺自然地势开挖，是水土保持措施的一种，常见的是水平竹节沟。在小流域坡面治理中还经常用到台阶式蓄水沟，即在原梯形断面蓄水沟的基础上增设一个台阶，并将植物幼苗种植于台阶上。蓄水沟的集水保墒作用十分显著，其在一定范围内淤积泥土，蓄集雨水，拦截坡面径流，减少泥沙下泄，保护坡脚农田，从而减少水土流失，可削减径流模数，巩固和保护了治坡成果，增加了生态效益。它有效地蓄积了天然降水以及地表流失土壤和枯枝落叶，增加了土壤有机质和土壤肥力，提高了植被的抗旱能力，对植物生长有明显的促进作用，可以确保稳产丰产，提高经济效益。此外，蓄水沟投工少，操作简单，效益显著，群众易接受，有很大的应用价值，所以在提高综合效益上有很大的作用。

（金梁，何文天）

红壤丘陵面源污染检测（湖南祁阳）（左）、面源观测场（甘肃靖远）（右）

（摄影：徐明岗）

91.我国南方和北方梯田有什么不同？

北方地区梯田一般指水平梯田，在南方有的把坡耕地上修成能种水稻的田块叫作梯田，而把种植旱作物的田块叫作梯地，也有把梯田称作水平条田。南北梯田主要有以下区别：

（1）规格不同　南方梯田一般位于丘陵少田地区，因此梯田常修筑于陡坡上，梯田宽度小，并且由于地形破碎，梯田有时并不是整齐排列的，而北方梯田修筑的地点坡度相对稍缓，并且地块的宽度大于南方梯田。

（2）材料不同　南北方因地制宜采用的修筑材料有一定的区别，北方多土埂梯田和少数的石坎梯田，而我国南方地区多石埂梯田。

（3）数量不同　南方梯田数量多，北方梯田数量相对较少。

（4）种植制度不同　南方多雨、气候湿润，而北方少雨、气候相对干燥，因此南方梯田常用来种植水田作物，而北方一般用来种植旱作植物。

（金梁，何文天）

南方丘陵区梯田（湖南祁阳）（左）、北方梯田（山西）（右）

（摄影：徐明岗）

92.为什么说土壤线虫的作用毁誉参半？

线虫在土壤多细胞动物中是生物数量最多、功能类群最丰富的种类。土壤线虫长0.3～5mm，形状不一，多呈长圆柱形，两端尖细，也有椭圆形、纺锤形和柠檬形，土壤线虫多样性能反映土壤生物多样性、资源多样性和资源利用多样性，并且是生态系统营养状况和土壤食物网结构的良好生态指示生物。根据线虫的食性和头部形态学特征，可以把线虫分为食细菌线虫、食真菌线虫、捕食杂食线虫和植物寄生类线虫4大类。食细菌线虫、食真菌线虫和捕食杂食线虫3大类在有机质分解、养分矿化和能量传递过程中起着关键作用，不但可以调节有机复合物转化为无机物的比例，携带和传播土壤微生物，取食病原细菌和真菌，影响植物共生体分布和功能，而且这3类土壤线虫对土壤碳、氮的动态至关重要，线虫排泄物可以贡献土壤中19%的可溶性氮。第四类是植物寄生类线虫，是寄生在植物体内的一类线虫，能够引起植物病害的被称为植物病原线虫。目前，植物病原线虫中的根结线虫属线虫是一类危害植物最严重的线虫，国际上报道的根结线虫有80多种，寄主范围超过3 000种植物，包括蔬菜、粮食、经济和果树作物、观赏植物以及杂草等。我国报道的根结线虫有29种，病害可造成作物减产10%～20%，严重时可达75%以上。因此，土壤线虫也有好坏之分，对于土壤物质和能量循环可谓功过参半。

（魏丹，金梁）

线虫及生物肥防治试验（左）、生物肥防治连作病害试验（右）

（摄影：徐明岗）

93.残留在土壤中的薄膜带来了哪些环境问题？

目前，地膜覆盖栽培技术成为了现代农业的一项重要技术。2014年我国农用塑料薄膜使用量为258万t，其中地膜投入量为144万t，地膜覆盖面积为0.2亿hm^2。地膜大量应用提高作物产量的同时，也带来了地膜残留土壤引起的环境问题。

（1）对耕作的不利影响　在新疆、甘肃、内蒙古等西北地区，由于常年使用地膜栽培，部分地区每亩土壤残膜达到了17kg以上，在耕作时残膜缠绕在犁头、播种机轮盘等，严重影响农业生产。

（2）对土壤的污染 残留在农田土壤中的地膜由于其不易分解，对土壤容重、土壤孔隙度、土壤的通气性和透水性都产生不良影响。一方面阻碍土壤耕作层和表层毛管水和自然水的渗透。另一方面，残膜能使土壤孔隙度下降和通透性降低，造成土壤板结，从而降低土壤肥力水平。

（3）对农作物的危害 地膜属聚烯烃类化合物，其生产过程中添加的邻苯甲酸－2－异丁酯通过植物的呼吸作用进入叶肉细胞后，破坏叶绿素并抑制其形成，危害植物生长。当土壤中地膜残留量达到一定量时会影响作物生长环境和其生长发育，进而影响到农作物的产量。

（4）对环境造成污染 由于地膜难降解和难以回收，农作物收获后部分残膜弃于田边、地头、水渠、林带中，大风刮过后，残膜被吹至田间、树梢等，造成"白色污染"。 （金梁、陈延华、何文天）

玉米收获后残留在土壤中的地膜（左）、花生收获后残留在农田中的地膜（右）
（摄影：刘东生、李玲）

94.土壤重金属污染是如何引起的？

由于人类活动的影响，土壤中的微量金属元素在土壤中的含量增加，过量沉积而致使土壤中重金属含量明显高于背景值，并造成生态环境质量恶化的现象，统称为土壤重金属污染。重金属是指比重大于或等于5.0的金属，如铁、锰、锌、镉、汞、镍、钴等。毒性较大的锌、铜、钴、镍、锡、钒、汞、镉、铅、铬、钴等受到人们更多的关注。土壤本身含有一定量的重金属元素，只有当叠加进入土壤的重金属元素累积浓度超过作物需要和忍受的程度、造成对人畜的危害时，才能认为土壤已被重金属污染。重金属在土壤中一般不易随水淋溶，不能被土壤微生物分解；相反，生物体可以富集重金属，常常使重金属在土壤环境中逐渐积累，甚至某些重金属元素在土壤中还可以转化为毒性更大的甲基化合物，还有的通过食物链以有害浓度在人体内蓄积，严重危害人体健康。食物链（包括海鲜等各种食物）上对人体健康有影响的元素主要有5种，即汞、镉、砷、铅和硒。人类作为食物链的最顶层，若食用了污染土壤种出的农作物，通过食物链的生物富集作用，会导致人体内的毒素含量超标，这样会使人体产生一系列病变，严重时甚至会导致死亡。重金属对土壤环境的污染与水环境的污染相比，其治理难度更大，污染危害更大。　　　　　　　　　　（邹国元，金梁，何文天）

湖南土法炼砷堆放在河床上的尾矿造成严重的砷污染
（摄影：徐明岗）

95.我国农田污染物的主要类型有哪些？

农田污染物主要包括以下4类：

（1）物理污染物　主要源于工厂、矿山的固体废弃物如尾矿、废石、粉煤灰和工业垃圾等。

（2）化学污染物　包括无机污染物（如汞、镉、铅、砷等重金属，过量的氮、磷植物营养元素以及氧化物和硫化物等）和有机污染物（如各种化学农药、石油及其裂解产物，以及其他各类有机合成产物等），无机污染物有的是随着地壳变迁、火山爆发、岩石风化等天然过程进入大气、水体、土壤和生态系统的（自然来源）；有的是随着人类的生产和消费活动而进入的（人为来源），这些生产活动包括工业污水、酸雨、尾气排放、堆积物以及化肥、农药不合理施用等。有机污染物的来源主要有污水排放、工厂废气沉降、化肥和农药的不合理施用以及固体废弃物等。

（3）生物污染物　主要包括带有各种病菌的城市垃圾和由卫生设施（包括医院）排出的废水、废物以及厩肥等。

（4）放射性污染物　主要来自于核原料开采和大气层核爆炸地区，以锶和铯等在土壤中生存期长的放射性元素为主。

（张成军，金梁，何文天）

固体废弃物污染土地（广州）（左）、工厂旁边被污染的土地（右）
（摄影：徐明岗、张成军）

96.污染土壤的修复方法有哪些？

土壤污染已成为世界性问题，由于土壤污染的严重性及其修复的难度，以及对污染土壤修复的迫切性与需求，污染土壤修复已成为当今环境科学研究的焦点和热点。污染土壤修复的技术原理可概括为：改变污染物在土壤中的存在形态或同土壤的结合方式，降低其在环境中的可迁移性与生物可利用性；降低土壤中有害物质的浓度。土壤修复指的是指利用物理、化学和生物的方法转移、吸收、降解和转化土壤中的污染物，使其浓度降低到可接受水平，或将有毒有害的污染物转化为无害的物质，使遭受污染的土壤恢复正常功能的技术措施。根据工艺原理不同，污染土壤修复方法可分为物理、化学和生物三种类型。其中，物理方法主要包括物理分离法、溶液淋洗法、固化稳定法、冻融法和电动力法；化学方法主要包括溶剂萃取法、氧化法、还原法和土壤改良剂投加技术等。作为污染土壤修复的主体，生物修复方法可分为微生物修复、植物修复和动物修复三种，其中以前两种修复方法应用最为广泛。虽然土壤的修复技术很多，但没有一种修复技术可以针对所有污染土壤。相似的污染状况不同的土壤性质、不同的修复需求，应用趋势从单一的向联合/杂交的综合修复技术发展。　　　　　　　　　　　　（金梁，何文天）

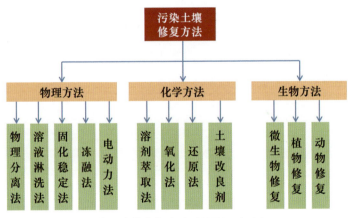

污染土壤的修复方法（绘图：李玲）

97.植物修复的主要类型有哪些?

　　植物修复的概念指利用绿色植物的自然生长来转移、容纳或转化土壤、沉积物、污泥或水体等环境中的污染物使其对环境无害的技术，从其作用过程和机理的角度，可分为植物提取、植物挥发和植物稳定三种修复类型。植物修复技术不仅包括对污染物的吸收和去除，也包括对污染物的原位固定和转化，即植物提取技术、植物固定技术、根系过滤技术、植物挥发技术和根际降解技术。众多研究表明植物的吸收、挥发、根滤、降解、稳定等作用，可以净化土壤或水体中的污染物，从而达到净化环境的目的，因此，植物修复是一种很有潜力、正在发展的清除环境污染的绿色技术。植物修复过程是土壤、植物、根际微生物综合作用的效应，修复过程受植物种类、土壤理化性质、根际微生物等多种因素控制。与重金属污染土壤有关的植物修复技术是指利用植物修复和消除由有机毒物和无机废弃物造成的土壤环境污染。主要包括植物提取、植物固定和植物挥发，其投资和维护成本低、操作简便、不造成二次污染且易于后处理。

（魏丹，张成军，金梁）

土壤重金属污染的植物修复

（摄影：徐明岗）

98.土壤重金属污染修复的技术主要有哪些？

土壤重金属污染修复主要的技术主要包括物理修复技术、化学修复技术、生物修复技术及联合修复技术。目前来看，常见的工程物理修复有客土法、挖掘掩埋法、淋洗法、蒸发法和电动力学法。

换土的方法适宜于污染严重的土壤，即在原来的土地上覆盖未被污染的土或将污染土壤换掉，覆土或换土的厚度应该大于耕层土壤的厚度。化学修复技术包括施用改良剂、沉淀法、吸附剂法和拮抗法。化学修复技术中化学试剂的添加可以通过2个途径进行：一是添加能活化重金属的物质（EDTA、柠檬酸等），使土壤中的重金属更多地进入土壤液相中进而从土壤中去除；二是加入降低重金属活性的物质（磷矿石、草炭灰等），钝化土壤中的重金属从而降低其生物有效性。生物修复技术包括植物修复、微生物修复、转基因修复、动物修复和农业生态修复。由于土壤污染的复杂性、多样性及复合型，在修复时为达到理想的效果，常需要同时选择多种修复技术进行有机组合，即联合修复技术。　　　　　　　　　　（邹国元，金梁）

植物与改良剂修复重金属污染土壤（左）和烟草吸收重金属Cd试验（右）

（摄影：徐明岗、李玲）

99.石油污染的修复技术有哪些？

石油勘探与开发过程中的钻井、井下作业和采油等环节以及井喷、泄漏等偶然事故都会带来土壤的污染。土壤重要的污染源来自石油开采过程产生的落地原油。石油中有致癌、致畸、致突变等物质，可降低土壤质量，影响农作物的生长，能通过食物链在动植物体内逐级富集，危及人类健康。

石油污染的修复技术包括物理修复技术（以物理手段为主的客土法、焚烧法、物理分离法、溶液淋洗法、固化稳定法、热脱附法及电动力法等污染治理技术），化学修复技术（主要包括溶液淋洗萃取法、光催化氧化法和化学氧化法等），生物修复技术（利用生物的生长代谢过程对有机污染物进行降解转化的方法，具有安全可靠、修复成本低的特点）。以生物技术为主的联合修复是未来土壤修复的主要发展趋势。物理、化学技术在修复石油污染土壤过程中会造成二次污染、改变土壤结构，不仅成本高，而且在应用上具有一定的局限性。浓度高时，选用理化的方法将土取走，提炼石油，浓度不高则选用生物修复的方法。石油污染分为现场处置和异地处置；现场处置可以通过布置竖井通风，但效果很缓慢；异地处置可以将土运走，进行处置，然后回填。 （金梁，何文天）

石油污染土壤景象

（照片由李玲提供）

100.农业面源污染的防治措施有哪些？

农业面源污染可归纳为：在降雨径流的冲刷和淋溶作用下，大气、地面和土壤中的溶解性或固体污染物质（如大气悬浮物，城市垃圾，农田、土壤中的化肥、农药、重金属，以及其他有毒、有害物质等）进入农业生态系统中地表和地下水体而造成的水环境污染。

农业面源污染的防治措施可以从5个途径入手：

（1）污染源头控制　严格控制化肥和农药的使用，推广科学精准施肥技术，合理使用农药技术，推广高效、低毒、低残留的农业投入品，采用病虫害综合防控技术，由单纯化学防治逐渐转向生物防治、物理防治或低污染化学防治，以及提高农药利用率。

（2）污染过程阻断　主要是以生态工程技术为手段，包括利用人工水塘、植被缓冲带、湿地系统等阻断污染物从农田向水体的迁移。

（3）污染农田综合修复　一般采用化学－微生物－植物联合修复技术体系，对污染农田进行治理和改良。

（4）农业废弃物综合利用　主要包括农村生活污水的处理和再利用，养殖场畜禽粪便的处理与资源化技术等。

（5）对农村面源污染展开监测、分级、评价、环境容量及预警制度研究。

值得注意的是，农业面源污染防治是立体防治过程，应将各单项技术集成后形成综合技术体系，可达到较好的防治效果。

（金梁，何文天）

面源污染监测（湖南水网区）（左）、面源污染观测场（黑龙江哈尔滨）（右）

（摄影：徐明岗）

第五部分
耕地质量提升相关法规政策

101.我国现有相关法律法规中耕地和土壤保护利用的要点有哪些？

十分珍惜、合理利用土地和切实保护耕地是我国的基本国策。我国相继出台了《中华人民共和国农业法》《中华人民共和国土地管理法》《中华人民共和国环境保护法》等法律法规，通过法律条文的形式规定了国家、政府以及用地者在耕地和土壤保护利用方面的职责。其要点是国家实行占用耕地补偿制度以及永久基本农田保护制度，加强对土壤的保护，建立和完善相应的调查、监测、评估和修复制度；国家鼓励单位和个人按照土地利用总体规划进行土地开发、土地整理等活动，提高耕地质量，增加有效耕地面积。各级人民政府应当统筹有关部门采取措施加强耕地质量建设，改良土壤，提高地力，防止土地荒漠化、盐渍化、水土流失和土壤污染。农民和农业生产经营组织应当保养耕地，合理使用化肥、农药、农用薄膜，增加使用有机肥料，采用先进技术，保护和提高地力，防止农用地的污染、破坏和地力衰退；占用耕地的单位将所占用耕地耕作层的土壤用于新开垦耕地、劣质地或者其他耕地的土壤改良；使用土地的单位和个人，有防止该土地沙化的义务，使用已经沙化的土地的单位和个人，有治理该沙化土地的义务；从事可能引起水土流失的生产建设活动的单位和个人，必须采取预防措施，并负责治理因生产建设活动造成的水土流失。

（胡炎）

耕地和土壤保护利用的法律法规

（绘图：胡炎）

102.为什么我国急需建立耕地质量保护条例？

耕地是人类赖以生存和发展的物质基础，耕地质量的好坏不仅决定农产品的产量，而且直接影响到农产品的品质，关系到农民增收和人民身体健康，关系到国家粮食安全和农业可持续发展。但是，目前我国耕地质量问题日益突出，耕地退化日益严重，土壤点位污染问题也不容忽视。据统计，全国因水土流失、贫瘠化、次生盐渍化、酸化导致耕地退化面积已占总面积的40％以上。耕地退化问题不仅影响农作物的产量和品质，而且对农业可持续发展构成严重威胁，耕地质量保护与提升的需求十分迫切。但遗憾的是，我国目前尚没有专门的法律法规来对耕地质量建设、管理和保护作统一系统的规定和指导，有关要求仅散见于《中华人民共和国土地管理法》等法律法规少量的条款中，既缺乏系统性设计，又原则性强于可操作性，无法满足当前耕地质量保护的需求。因此我国急需制定耕地质量保护条例来有效保护日益退化的耕地，提升耕地质量，夯实农业绿色发展基础。

（胡炎）

加强耕地质量保护

(摄影：胡炎)

103.为什么规定建设用地的耕作层必须进行剥离与再利用？

万物土中生，有土斯有粮。"耕地是最宝贵的资源"，其宝贵之处正在于耕作层土壤。在一些地方，农民常用"一碗土、一碗粮"形容耕作层土壤的珍贵。耕作层土壤是耕地地力的载体，肥沃土壤的形成往往需要数百年甚至更长的时间，从这个角度讲耕作层是一种不可再生资源。因此，耕地被占用后若直接填埋是对资源的巨大浪费，而将耕地耕作层进行剥离再利用，则能迅速提高新开垦耕地的质量。

为实现耕作层的有效利用，占用耕地建设单位必须综合考虑经济、技术以及取土和覆土供需匹配等因素，科学规划，合理确定取土区、存放区和覆土区，统筹安排剥离、存放、覆土等任务，力争剥离与覆土紧密衔接、同步实施，合理确定剥离厚度和剥离方式。剥离的耕作层可重点用于新开垦耕地和劣质耕地改良、被污染耕地治理、矿区土地复垦以及城市绿化等。 (胡炎)

耕作层的剥离与再利用

（摄影：胡炎）

104.为什么要捍卫"18亿亩耕地红线"不动摇?

2006年3月14日，在十届全国人大四次会议上通过的《国民经济和社会发展第十一个五年规划纲要》提出，"18亿亩耕地"是一个具有法律效力的约束性指标，是不可逾越的一道红线。耕地红线，是指经常进行耕种的土地面积的最低值。根据我国人口数量、人均粮食基本需求量以及平均亩产等要素，再考虑到自然灾害等不稳定因素，"18亿亩耕地红线"是现有社会、经济、科技水平下保障我国粮食安全的底线。我国的吃饭问题不能靠别人，也靠不了别人，"中国人的饭碗任何时候都要牢牢端在自己手上，我们的饭碗应该主要装中国粮"。耕地是粮食生产的命根子，保护耕地，坚守耕地红线，实际上是在保障粮食自给率、保障我国粮食安全。"18亿亩耕地红线"既是保护耕地的高压线，也是粮食安全的警戒线，必须严防死守。

（胡炎、李玲）

坚守"18亿亩耕地红线"

（摄影：胡炎）

105.如何开展有机肥替代化肥行动？

2017年2月，农业部刊发《开展果菜茶有机肥替代化肥行动方案》，首先以果菜茶生产为重点，实施有机肥替代化肥，提出到2020年，实现果菜茶优势产区化肥用量减少20%以上，果菜茶核心产区和知名品牌生产基地（园区）化肥用量减少50%以上的行动目标。果菜茶有机肥替代化肥行动涉及柑橘、苹果、茶树、设施蔬菜4大类经济作物及其主产区，推进资源循环利用，实现化肥用量明显减少、农业面源污染明显减轻、产品品质明显提高、耕地质量明显提升的"两减两提"目标，节约成本，提质增效。4大作物重点实施模式：①苹果，"有机肥+配方肥"模式、"果－沼－畜"模式、"有机肥+生草+配方肥+水肥一体化"模式、"有机肥+覆草+配方肥"模式。②柑橘，"有机肥+配方肥"模式、"绿肥+自然生草"模式、"果－沼－畜"模式、"有机肥+水肥一体化"模式。③设施蔬菜，"有机肥+配方肥"模式、"菜－沼－畜"模式、"有机肥+水肥一体化"模式、"秸秆生物反应堆"模式。④茶树，"有机肥＋配方肥"模式、"茶－沼－畜"模式、"有机肥＋水肥一体化"模式。　　　　　　　　　　　（胡炎）

红壤丘陵果园－种草肥田生态园（四川攀枝花）（左）、有机替代－绿色果园（四川蒲江）（右）

（摄影：徐明岗）

106.如何实现"互联网＋农业"模式中的土壤管理？

"互联网＋农业"就是将当前互联网、物联网等新一代信息技术，充分融入农业生产、经营、流通、加工、销售及农业生活等环节中去，帮助农业发展实现"信息支撑、管理协同，产出高效、产品安全，资源节约、环境友好"的最终目的。

目前，许多的大田农作物还面临着土地不能集约化、生产不能规模化等问题。因此，在信息化的农业中，需要整合土壤历史种植信息，搭建土壤溯源管理服务系统，通过智能分析技术掌握土壤及其种植规律，为种植户科学制定种植规划提供数据支撑。开发应用更多的土壤墒情、养分等实时监测系统软件，集自动监测技术、信息技术及相关的专用数据分析软件和通讯网络于一体的综合性的自动监测系统。对土壤水分、土壤温度、空气湿度、降水量、土壤盐分含量、电导率、土壤主要养分等动态参数进行实时监测，为开展田间管理、合理施肥、排涝抗旱等工作提供科学准确的数据支撑，实现土壤质量的提升与可持续发展。　　　　　　　　　（胡炎）

土壤环境大数据库（四川蒲江）（左上）、土壤水分与气象监测（湖南祁阳）（右上）、黑土保护与质量监测（内蒙古阿荣）（左下）、气象自动监测（右下）

（摄影：徐明岗、胡炎）

107.为什么要开展耕地质量保护与提升行动？

耕地是农业生产的基本保障，党的十八大以来，以习近平同志为核心的党中央把粮食安全作为治国理政的头等大事，提出了"确保谷物基本自给、口粮绝对安全"的粮食安全观。我国经济发展和城镇化的快速推进，耕地占用不可避免，保障14亿中国人民的口粮绝对安全关键在耕地质量建设，在严守耕地数量红线的同时必须大力提升耕地质量，提升粮食和重要农产品生产能力，实现"藏粮于地"。

我国农业生产长期坚持高投入、高产出模式，耕地超负荷利用，耕地质量和基础地力下降，可持续生产能力持续降低。南方耕地重金属污染和土壤酸化、西北耕地盐渍化和沙化、东北黑土有机质大幅下降、华北及黄淮海平原耕层变浅、设施农业土壤退化、农业面源污染严重等问题突出。加强耕地质量建设，提升耕地地力，是农业可持续发展的必然要求。

与发达国家相比，我国农业规模化、机械化、产业化水平较低，农业种植效益偏低，耕地基础地力偏低20%～30%，为追求产量和收益，不断增加化肥、农药、地膜、人工的投入，过量投入导致产投不成正比，耕地质量变差，生态环境受到破坏，农产品竞争力进一步弱化。开展耕地质量建设保护与提升行动，减少化肥等生产资料的不合理投入，提高农产品品质，是提升我国农业的国际竞争力的重要手段。

为此，农业部2015年印发了《耕地质量保护与提升行动方案》，旨在通过综合技术手段，分区分类开展退化耕地综合治理、污染耕地阻控修复、土壤肥力保护提升、占用耕地耕作层土壤剥离利用、耕地质量调查监测与评价等重点建设项目，进一步保护和提升我国耕地质量。

（杨宁）

四川高标准农田建设
（摄影：杨宁）

108.东北黑土区耕地质量建设主要解决什么问题？

"黑土地是耕地里的大熊猫"，保护好、利用好黑土地是当前农业发展的迫切需要。东北黑土区包括辽、吉、黑三省的大部和内蒙古东部部分地区，主要土壤类型是黑土、黑钙土、棕壤、暗棕壤、

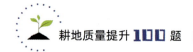

水稻土、风沙土及草甸土等。该区土地平整、集中连片、土壤肥沃，以一年一熟为主，是世界著名的"黑土带"和"黄金玉米带"，也是我国优质粳稻、高油大豆的重要产区。

该区域耕地质量主要问题是黑土层变浅流失、耕层变薄、地力退化快、有机肥投入不足、有机质下降。东北黑土地的黑色源自丰富的腐殖质，但黑土地自开垦以来，由于高强度不合理的利用，缺乏耕地质量建设与保护，厚度从原来的60cm左右，现在退化到20～30cm，耕作层土壤有机质含量下降了1/3，耕地质量下降明显。同时东北地区坡耕地面积广，且常采取顺坡垄作等不合理的种植方式，侵蚀沟多发，水土流失情况严重，《中国水土保持公报(2018)》显示东北黑土区水土流失面积22.16万km²，占土地总面积的20.38%，东北漫川漫岗区、大兴安岭东麓被列为国家水土流失重点治理区。

（杨宁）

黑土高标准农田景观（黑龙江）（左）、黑土保护性耕作栽培（覆盖免耕）（吉林）（右）

（摄影：徐明岗）

109.华北及黄淮平原潮土区耕地质量建设主要解决什么问题？

华北及黄淮平原潮土区包括京、津、冀、鲁、豫五省（直辖市）的全部和苏、皖两省的北部部分地区，主要土壤类型是潮土、砂姜黑土、棕壤、褐土等。该区土地平坦，农业开发利用度高，以一年两熟或两年三熟为主，是我国优质小麦、玉米、苹果和蔬菜等优势农产品的重要产区。

该区域耕地质量主要问题是耕层变浅，地下水超采，部分地区土壤盐渍化严重；淮河北部及黄河南部地区砂姜黑土易旱易涝，地力下降潜在风险大。华北及黄淮平原潮土区耕种历史悠久，农业开发利用度高，人口密度大，人均水资源远低于全国平均水平，且农业生产规模大，农业种植结构不合理，高耗水蔬菜和果树的种植面积不断增大，导致地下水位持续下降。加之各类小型农机具广泛使用，而旋耕机旋耕作业深度一般为15cm，长期采用以旋代耕的不合理耕作方式导致耕层厚度普遍仅为15cm左右，土壤耕层变浅、犁底层变厚变硬、耕地土壤理化性状持续变差。淮河北部及黄河南部地区地势低洼，地下水位较高，且砂姜黑土质地黏重，土壤孔隙小有效蓄水量少，导致该地区易旱易涝，耕地质量不佳且退化风险较高。　　（杨宁）

潮土剖面（河南郑州）（左）、国家潮土土壤肥力与肥料效益长期监测站景观（河南原阳）（右）

（摄影：徐明岗、李玲）

110.长江中下游平原水稻土区耕地质量建设主要解决什么问题？

长江中下游平原水稻土区包括鄂、湘、赣、沪、苏、浙、皖七省（直辖市），主要土壤类型是水稻土、红壤、黄壤等。该区以一年两熟或三熟为主，是我国水稻、"双低"油菜、柑橘、茶叶和蔬菜的

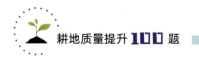

重要产区。

　　该区域耕地质量主要问题是土壤酸化、潜育化，局部地区土壤重金属污染比较严重，保持健康土壤安全生产压力大。土壤自然酸化是土壤发生和发育的一个缓慢过程，我国南方降雨量大，土壤淋溶程度高，土壤酸化程度相对较高。我国农业生产长期大量使用化肥特别是氮肥，土壤盐基阳离子大量流失，氢离子浓度增加，土壤酸化加剧。长期高强度种植，缺乏养地措施，土壤中的盐基离子被作物收获大量带走，加之局部地区土壤重金属污染超标严重，土壤酸化会进一步增加土壤铝、锰等的活性产生毒害。长江中下游平原水稻土区由于地势低、地下水位高等原因，土壤长期处于地下水饱和、过饱和水的浸润状态，出现因铁、锰还原而生成的潜育层，导致稻田土壤温度较低、排水不畅、通气不良，有毒还原性物质累积且有效养分难以释放。　　　　　　　　　　　　　　（杨宁）

绿肥翻压肥田高产示范（江西）（左）、稻田绿肥翻压还田（江西）（右）
（摄影：徐明岗、杨宁）

111.南方丘陵岗地红黄壤区耕地质量建设主要解决什么问题？

　　南方丘陵岗地红黄壤区包括闽、粤、桂、琼、渝、川、黔、滇8省（自治区、直辖市）的大部和赣、湘两省的部分地区，主要土壤类型是水稻土、红壤、黄壤、紫色土、石灰岩土。该区以一年两熟或三熟为主，是我国重要的优质水稻、甘蔗、柑橘、脐橙、烤烟、蔬菜及亚热带水果产区。

　　该区域耕地质量主要问题是稻田土壤酸化、潜育化，部分地区水田冷（地温低）、烂（深泥脚）、毒（硫化氢等有害气体）问题突出，山区耕地土层薄、地块小、砾石含量多，土壤有机质含量低，季节性干旱严重。该区域化学氮肥大量施用且烟草、茶树等作物的大面积种植使土壤更倾向于酸化，地势低洼区域土壤长期浸水，潜育化多发，缺乏氧气输送导致有毒物质如低价铁、锰及硫化氢积累。该区域分布着大量重金属矿区，重金属的大量开采和冶炼对周边环境破坏严重，土壤重金属含量严重超标，且地形多为山地丘陵，山高水冷低谷地区光照不足，气温较低，水稻因地温低生长受到严重抑制，土壤生物活性降低，土壤肥力低下，水土流失严重。　　（杨宁）

重庆紫色土剖面
（摄影：徐明岗）

112.西北灌溉及黄土型旱作农业区耕地质量建设主要解决什么问题？

　　西北灌溉及黄土型旱作农业区包括晋、陕、甘、宁、青、新、藏7省（自治区）的大部，主要土壤类型是黄绵土、灌耕土、灌淤土、潮土、风沙土及草甸土。该区以一年一熟或套作两熟为主，是

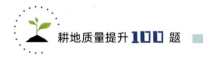

我国小麦、玉米、薯类、棉花、小杂粮和优质水果的重要产区。

该区域耕地质量主要问题是耕地贫瘠，土壤盐渍化、沙化和地膜残留污染严重，地力退化明显，土壤有机质含量低，保水保肥能力差，干旱缺水。西北旱地多位于内陆盆地，是盐分移动和聚集的主要方向，气候干旱且蒸发量大，植被覆盖率低，土壤沙化严重，有机质含量低，盐分易随水分蒸发上移聚集在地表，加之部分区域土壤母质本身盐分含量较高，耕地排水系统不畅，极易导致耕地盐碱化。因地膜覆盖具有维持地温，降低土壤水分散失，增墒保温抑制杂草生长的优势，在西北地区农业生产中得到大规模使用，但长期连续使用廉价不可降解地膜导致农田污染严重，残留地膜逐年积累，堵塞排灌沟渠，影响作物根系生长，甚至导致土壤和地下水环境污染，严重威胁人类健康。 (杨宁)

旱地地膜覆盖水肥增效技术（甘肃武威）（左）、黄土型旱作农业区（陕西）（右）

（摄影：徐明岗、杨宁）

113.《到2020年化肥使用量零增长行动方案》的主要内容是什么？

《到2020年化肥使用量零增长行动方案》（简称《方案》）总体思路以保障国家粮食安全和重要农产品有效供给为目标，牢固树立"增产施肥、经济施肥、环保施肥"理念，依靠科技进步，依托新型经营主体和专业化农化服务组织，集中连片整体实施，加快转变施肥方式，深入推进科学施肥，大力开展耕地质量保护与提升，增加有机肥资源利用，减少不合理化肥投入，加强宣传培训和肥料使用管理，走高产高效、优质环保、可持续发展之路，促进粮食增产、农民增收和生态环境安全。

《方案》技术路径为"精、调、改、替"，即推进精准施肥、调整化肥使用结构、改进施肥方式、有机肥替代化肥。《方案》六大区域施肥原则为：一是东北地区控氮、减磷、稳钾，补充锌、硼、铁、钼等微量元素肥料。二是黄淮海地区减氮、控磷、稳钾，补充硫、锌、铁、锰、硼等中微量元素。三是长江中下游地区减氮、控磷、稳钾，配合施用硫、锌、硼等中微量元素。四是华南地区减氮、稳磷、稳钾，配合施用钙、镁、锌、硼等中微量元素。五是西南地区稳氮、调磷、补钾，配合施用硼、钼、镁、硫、锌、钙等中微量元素。六是西北地区统筹水肥资源，以水定肥、以肥调水，稳氮、稳磷、调钾，配合施用锌、硼等中微量元素。　　　　（贾伟）

东北黑土地秸秆粉碎还田（左）、施用石灰改良土壤酸性示范（江西）（右）
（摄影：杨宁、徐明岗）

114.《到2020年化肥使用量零增长行动方案》的重点任务有哪些？

有五方面重点任务：

（1）推进测土配方施肥　扩大测土配方施肥应用到设施农业及蔬菜、果树、茶叶等。充分调动企业参与测土配方施肥的积极性。积极探索公益性服务与经营性服务结合、政府购买服务的有效模式。

（2）推进施肥方式转变　推进机械施肥，推广水肥一体化，合理确定基肥施用比例，推广因地、因苗、因水、因时分期施肥技术。

（3）推进新肥料新技术应用　加强技术研发，重点开展农作物高产高效施肥技术研究。示范推广缓释肥料、土壤调理剂等高效新型肥料。分区域、分作物制定科学施肥指导手册，集成推广一批高产、高效、生态施肥技术模式。

（4）推进有机肥资源利用　支持规模化养殖企业利用畜禽粪便生产有机肥。推广秸秆粉碎还田、快速腐熟还田、过腹还田等技术。充分利用南方冬闲田和果茶园土、肥、水、光、热资源，推广种植绿肥。

（5）提高耕地质量水平　加快高标准农田建设，完善水利配套设施，改善耕地基础条件。实施耕地质量保护与提升行动，改良土壤、培肥地力、控污修复、治理盐碱、改造中低产田，普遍提高耕地地力等级。
（贾伟）

有机替代水肥一体化万亩褚橙园（云南龙陵）（左上）、形形色色的各种缓控释肥的研制（右上）、盐土－水盐运动规律试验（山东德州）（左下）、南方绿肥紫云英种植（湖南长沙）（右下）

（摄影：徐明岗）

115.如何推进农业供给侧结构改革中耕地质量的保护与提升？

农业供给侧结构性改革要保产能而不是去产能。从"十三五"乃至今后一个时期看，我国仍处于人口继续增加、人民生活持续改善的发展阶段，主要农产品需求总量仍处在上升区间，保障粮食等农产品供给的压力依然巨大。开展耕地质量保护与提升行动，是保障粮食等重要农产品有效供给的重要措施。中央明确要求构建新形势下国家粮食安全战略，鲜明地提出守住"谷物基本自给、口粮绝对安全"的战略底线。守住这个战略底线，前提是保证耕地数量的稳定，重点是实现耕地质量的提升。

开展耕地质量保护与提升行动的总体思路以保障国家粮食安全、农产品质量安全和农业生态安全为目标，落实最严格的耕地保护制度，树立耕地保护"量质并重"和"用养结合"理念，坚持生态为先、建设为重，以新建成的高标准农田、耕地退化污染重点区域和占补平衡补充耕地为重点，依靠科技进步，加大资金投入，推进工程、农艺、农机措施相结合，依托新型经营主体和社会化服务组织，构建耕地质量保护与提升长效机制，守住耕地数量和质量红线，奠定粮食和农业可持续发展的基础。　　　　　　　（贾伟）

加强耕地质量的保护与提升以保障粮食安全（陕西富县高标准水田）（左）、轮作－黑土保护与质量监测（内蒙古阿荣）（右）

（摄影：徐明岗、贾伟）

116.畜禽粪污有效利用路径有哪些?

全国畜牧总站组织总结提炼三类利用模式,可作为畜禽粪污有效利用路径。

种养结合:

(1)粪污全量还田模式 对养殖场产生的粪便、粪水和污水集中收集,全部进入氧化塘贮存,在施肥季节农田利用。

(2)粪便堆肥利用模式 固体粪便经好氧堆肥处理后,就地农田利用或生产有机肥。

(3)粪水肥料化利用模式 粪水经氧化塘处理后,在农田需肥期间,与灌溉用水按比例混合后水肥一体化施用。

(4)粪污能源化利用模式 以建设大型沼气工程生产能源为目的,沼气发电或生物天然气,沼渣沼液农田利用或沼液达标排放。

清洁回用:

(1)粪便基质化利用模式 以畜禽粪污等为原料堆肥,生产基质用于栽培果菜。

(2)粪便垫料化利用模式 奶牛粪污固液分离后,固体粪便好氧发酵处理后回用牛床垫料,污水贮存后农田利用。

(3)粪便饲料化利用模式 干清粪与蚯蚓、蝇蛆及黑水虻等动物蛋白进行堆肥,发酵后的蚯蚓、蝇蛆及黑水虻等动物蛋白用于制作饲料等。

(4)粪便燃料化利用模式 畜禽粪便经过搅拌后脱水加工,进行挤压造粒,生产生物质燃料棒。

达标排放:粪水达标排放模式是粪水进行厌氧发酵+好氧处理等工艺处理,粪水达到《畜禽养殖业污染物排放标准》或地方标准后直接排放。

(贾伟)

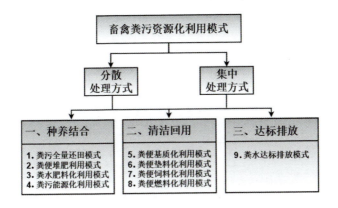

畜禽粪污资源化利用模式

（引自《农民日报》）

117.农作物秸秆有效利用路径有哪些？

我国"农业优先、多元利用"的农作物秸秆综合利用格局基本形成，以肥料化利用为核心，秸秆农用技术路径和基本模式如下：

（1）直接还田模式 属秸秆直接肥料化利用模式。深翻还田是将秸秆粉碎后均匀抛撒于田间，然后用大型拖拉机深翻，该模式适合于东北黑土地保护和新疆棉区土壤保水保肥。旋耕还田将秸秆粉碎后均匀抛撒于田间，然后在秸秆青绿时用大中型拖拉机旋耕，该模式适合黄淮海地区玉米秸秆和长江流域小麦秸秆还田。覆盖还田在作物收获后，将秸秆和残茬覆盖于地表，土壤不耕翻，该模式具有一定的蓄水保墒功能，适合于黄土高原生态脆弱区。快腐还田将秸秆就地粉碎，田间保持一定水层，通过腐熟剂将秸秆短期内快速腐熟，该模式适用于一年三熟、高温高湿的华南地区。

（2）过腹还田模式 基于饲料化利用和种养结合的秸秆肥料化利用模式。通过物理、化学、生物等方法处理后的秸秆，适当添加辅料和营养元素，制作草食牲畜饲料，养殖中产生粪便，通过无害化处理后肥料化利用。

（3）菌肥联产模式 以秸秆作为主要原料，制作食用菌栽培基

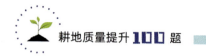

质，食用菌采收后的菌糠经高温堆肥处理进行肥料化利用。

（4）气肥联产模式　依托厌氧发酵或慢速热解技术，实现沼气沼肥的联产联供或热解气炭肥联产联供，属秸秆能源化、资源化综合利用模式。

（贾伟）

北方玉米秸秆粉碎深翻还田技术模式（山西寿阳）（左）、蘑菇渣堆制的生物有机肥（福建）（右）

（摄影：徐明岗）

118.什么是耕地占补平衡？

耕地占补平衡是新修订的《土地管理法》确定的一项耕地保护的基本制度，按照"占多少，垦多少"的原则，建设单位必须要补充相应的耕地，以保证耕地不减少。耕地保护关系到国家粮食安全，经济发展和社会稳定，实现耕地占补平衡在耕地保护中具有举足轻重的作用。自然资源部提出，土地管理上的"最严格"体现为四个方面：①必须依照法律和规划实行最严格的用途管制制度；②严格划定基本农田保护区；③必须严格执行耕地"占一补一"规定；④严格控制农业结构调整对耕地的破坏，其中的重要方面是切实抓好耕地占补平衡。

虽然全国多数省份实现了行政辖区内的耕地占补平衡，但应看到，这个平衡是把通过各种途径新增的耕地都算作建设占用耕地的补充，如果严格按建设项目考核，许多补充耕地责任人并未依法履行补充耕地义务，自行补充耕地或缴纳耕地开垦费，未真正完成占补平衡。此外，补充耕地只有数量，质量并没有得到保证。耕地占补平衡作为耕地保护工作的一项重要目标，其作用正在不断显现，并已成为考核地方各级政府和自然资源管理部门耕地保护工作的硬性指标，也是一项长期任务。　　　　　　　　　　　　（贾伟）

土地整治开发补充耕地用作占补平衡指标（陕西铜川）

（摄影：贾伟）

119.如何加强耕地保护和改进占补平衡？

2017年，中共中央、国务院印发《关于加强耕地保护和改进占补平衡的意见》（简称《意见》），明确了加强耕地保护和改进占补平衡的总体要求，提出严格建设占用耕地、改进耕地占补平衡管理、推进耕地质量提升和保护、健全耕地保护补偿机制、强化保障措施和监管考核等方面的具体措施。在加强土地规划管控和用途管制方面，强调充分发挥土地利用总体规划的整体管控作用，从严核定新增建设用地规模，从严控制建设占用耕地特别是优质耕地。严格永久基本农田划定和保护，永久基本农田一经划定，任何单位和个人不得擅自占用或改变用途，城乡建设、基础设施、生态建设等规划原则上不得突破永久基本农田边界。

《意见》要求改进耕地占补平衡管理，严格落实耕地占补平衡责任，构建"县域平衡为主，省域调剂为辅，国家统筹为补充"这样一种占补平衡的新格局。通过大规模建设高标准农田、实施耕地质量保护与提升行动、统筹推进耕地休养生息、加强耕地质量调查评价监测，大力推进耕地质量建设和保护。 （贾伟）

新垦土地（占补地）景观（广东）

（摄影：徐明岗）

图书在版编目（CIP）数据

耕地质量提升100题/徐明岗等编著．—北京：中国农业出版社，2020.12（2024.1重印）
（绿色农业关键技术丛书）
ISBN 978-7-109-27582-9

Ⅰ.①耕…　Ⅱ.①徐…　Ⅲ.①耕作土壤–土壤管理–问题解答　Ⅳ.①S155.4-44

中国版本图书馆CIP数据核字（2020）第234010号

中国农业出版社出版
地址：北京市朝阳区麦子店街18号楼
邮编：100125
责任编辑：魏兆猛
版式设计：杜　然　责任校对：沙凯霖
印刷：三河市国英印务有限公司
版次：2020年12月第1版
印次：2024年1月河北第5次印刷
发行：新华书店北京发行所
开本：880mm×1230mm　1/32
印张：4.25
字数：115千字
定价：29.80元